Dieter Lennertz

Produktmanagement

Planung – Entwicklung – Vermarktung

Wie Sie mit innovativen Produkten
den Unternehmenserfolg steigern

Frankfurter Allgemeine Buch

Bibliografische Information Der Deutschen Bibliothek –
Die Deutsche Bibliothek verzeichnet diese Publikation in der
Deutschen Nationalbiografie; detailliertere bibliografische
Daten sind im Internet über http://dnb.ddb.de abrufbar.

Dieter Lennertz

Produktmanagement

Planung – Entwicklung – Vermarktung

Wie Sie mit innovativen Produkten
den Unternehmenserfolg steigern

F.A.Z.-Institut für Management-,
Markt- und Medieninformationen GmbH,
Frankfurt am Main 2006

ISBN-13: 978-3-89981-120-9
ISBN-10: 3-89981-120-8

Frankfurter Allgemeine Buch

Copyright F.A.Z.-Institut für Management-, Markt-
und Medieninformationen GmbH
Mainzer Landstraße 199
60326 Frankfurt am Main

Umschlaggestaltung/
Satz Umschlag F.A.Z.-Marketing/Grafik
Satz Innen Ernst Bernsmann, Nicole Jäger
Titelbild Getty Images
Druck und Bindung CPI Moravia Books, Pohorelice

Printed in EU

Inhalt

Vorwort

In unseren Zeiten besonders stark zunehmender Konkurrenz wächst die Erkenntnis, dass der Erfolg von Unternehmen nicht allein durch Senkung von Kosten, Straffung von Organisationsstrukturen und Beschleunigung von Prozessen erzielt und gesichert werden kann, sondern vor allem durch innovative, bedürfnisgerechte Produkte. Entsprechend nimmt der Aufwand für Planung und Entwicklung neuer Produkte sowie Veränderung, Ergänzung und Pflege bestehender Produkte ständig zu und damit auch die Bedeutung und Verbreitung des Produktmanagements.

„Produktmanagement" erscheint also just in time, um der wachsenden Zahl von Interessierten die entsprechenden Grundlagen und Praxistipps zu vermitteln.

Nach einem kurzen Rückblick auf die Entstehung und Entwicklung des Produktmanagements werden dessen wichtigsten Erfolgsfaktoren, Organisationsformen und Aufgaben beschrieben. Anschließend stelle ich die Arbeitsmethoden vor, die der Lösung dieser Aufgaben dienen. Den Schwerpunkt des Buches bildet die Produktentstehungsphase, speziell Produktplanung und -entwicklung. Denn hier fallen die Entscheidungen über den späteren Erfolg des Produktes, und etwa 85 Prozent der Produktlebens- und Entsorgungskosten finden hier ihren Ursprung. Es folgen Betrachtungen zu den besonders aktuellen Themen Produktkomplexität, -qualität und -dienstleistungen.

Das Buch enthält – zur Förderung des Verständnisses – eine Vielzahl von Hinweisen und Beispielen aus der Praxis und liefert damit auch die Handlungsanweisungen zu den beschriebenen Arbeitsmethoden. Dieses Buch ist daher nicht nur ein Lehrbuch für die Studenten/innen des Fachs Produktmanagement, sondern vor allem ein Ratgeber für diejenigen, die Produktmanagement in ihrem Unternehmen einführen oder weiter entwickeln wollen.

Die Entstehung des vorliegenden Produktes (Buches) wurde unterstützt durch wertvolle Anregungen meines Sohnes Dr. Max Lennertz, geschäftsführender Gesellschafter der Lennertz Group GmbH, sowie durch die professionelle und effiziente Betreuung des Verlags Frankfurter Allgemeine Buch, speziell seiner Projektleiterin und Lektorin Danja Hetjens. Ihnen gilt mein ganz besonderer Dank.

Dieter Lennertz   Königstein im Taunus, Juli 2006

1 Einführung

1 Produktmanagement
2 Produkte

1 Produktmanagement

Was ist eigentlich Produktmanagement? Wie ist es entstanden und wie hat es sich zu dem entwickelt, was es heute ist? Von welchen Faktoren hängt sein Erfolg ab? Diese Fragen sollen in diesem ersten Abschnitt des einführenden Kapitels beantwortet werden.

1.1 Begriffsdefinition

Es gibt keine einheitliche Definition des Begriffs Produktmanagement. So legen die meisten Hersteller von Gebrauchsprodukten, z. B. von Maschinen und technischen Ausrüstungen, den Schwerpunkt des Produktmanagements auf die Planung und Entwicklung von neuen Produkten bzw. Produktvarianten.

Dagegen stehen beim Management von Verbrauchsprodukten – wie Nahrungs- und Heilmittel – Vermarktung und Vertrieb im Vordergrund. Die Frage, inwieweit Marktforschung zum Produktmanagement gehört oder hiervon organisatorisch losgelöst betrieben werden soll, wird von den einzelnen Unternehmen oft sehr unterschiedlich beantwortet.

Im vorliegenden Buch wird Produktmanagement im breiteren und möglichst allgemein gültigen Sinne behandelt, wie dies z. B. in der Beschreibung der Aufgaben des Produktmanagers (siehe Kapitel II, 3) zum Ausdruck kommt. Daraus resultiert folgende Begriffsdefinition:

Produktmanagement umfasst die Planung, Entwicklung, Fertigung, Vermarktung und Entsorgung eines Produktes zum größtmöglichen Wohle von Nachfrager und Anbieter.

1.2 Entstehung und Verbreitung

Ansätze des Produktmanagements findet man schon im Mittelalter. Denn sowohl bei der Hanse als auch bei Handelshäusern wie dem der Augsburger Familie Fugger gab es für bestimmte Produkte und Produktgruppen Spezialisten, deren Aufgaben mit denen der heutigen Produktmanager weitgehend vergleichbar waren.

Der Geburtstag des modernen Produktmanagements ist nach Ansicht von Wirtschaftshistorikern der 13. Mai 1931. Kurz zuvor war Neil McElroy, damaliger Leiter der Werbeabteilung des US-Konzerns Procter & Gamble (P&G), gebeten worden, sich um die Markteinführung des neuen Seifenprodukts „Camay" zu kümmern. Dadurch sollte jedoch der Erfolg der im Markt schon etablierten P&G-Seife „Ivory" so wenig wie möglich gefährdet werden. McElroy schlug daher in einem Memorandum mit dem obigen Datum vor, dass er nicht nur für die Werbung der neuen Seife, sondern – als Chef eines Ein-Produkt-Unternehmens und organisatorisch herausgelöst aus der Marketinggruppe „Seifen" – auch für alle übrigen Produktaufgaben und damit insgesamt für den Markterfolg des Produktes „Camay" die Verantwortung übernehmen sollte. Richard Depreu, der damalige Präsident von P&G, war von dem neuen Managementkonzept bald so überzeugt, dass es nach bestandener Prüfung im Markt für alle neuen Produkte des Unternehmens übernommen wurde. Dahinter stand die Erkenntnis, dass durch die maßgeschneiderte Betreuung der einzelnen, häufig sogar konkurrierenden Produkte einer Firma der Markterfolg jedes einzelnen Produktes und damit der Unternehmenserfolg gesteigert werden kann.

Das erkannten dann auch andere Unternehmen, die das von P&G entwickelte Konzept kopierten. Jedoch nahm sich zunächst ausschließlich die Verbrauchsgüterindustrie des Produktmanagements an – und zwar bis in die 1950er Jahre nur in den USA, erst zehn Jahre später dann auch in Deutschland. Den Anfang machten hier die Tochtergesellschaften amerikanischer Firmen, denn in den deutschen Unternehmen war damals Marketingbewusstsein kaum vorhanden, und den neuen amerikanischen Managementmethoden begegnete man mit großer Skepsis. Das änderte sich erst Ende der 1960er und Anfang der 1970er Jahre unter dem wachsenden Wettbewerbsdruck, der vor allem durch die damalige Ölkrise ausgelöst wurde. Nach und nach führten nicht nur die großen, sondern auch die mittleren und kleinen Unternehmen der deutschen Verbrauchsgüterindustrie Produktmanagement ein.

Anfang der 1980er Jahre entstanden in der Gebrauchsgüterindustrie erste eigenständige Marketingabteilungen, und zwar zu dem Zeitpunkt, als man mit dem Aufbau von Produktbereichen begann. Damals wurden im Rahmen von Dezentralisierungsmaßnahmen die Aufgaben der bis dahin meist funktional gegliederten Unternehmen schrittweise auf Produktbereiche verteilt, die damit sukzessive die Verantwortung für Umsatz und Ergebnis ihrer Produkte bzw. Produktgruppen übernahmen.

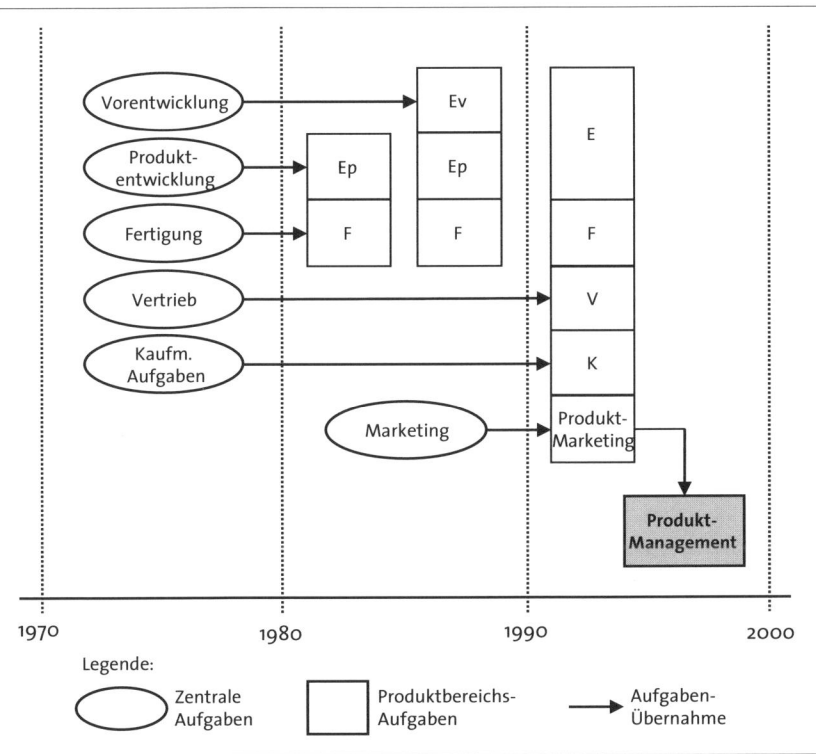

Abbildung 1: Entstehung des Produktmanagements bei der Bildung von Produktbereichen und ihrer Abteilungen für Vorentwicklung (Ev), Produktentwicklung (Ep), Fertigung (F), Vertrieb (V) und Kaufmännische Aufgaben (K)

11

Wie in Abbildung 1 am Beispiel eines großen deutschen Herstellers von Telekommunikationssystemen schematisch gezeigt, waren von dieser Umstrukturierung zunächst die Produktentwicklung und -fertigung betroffen, wenige Jahre später dann auch die bis dahin zentral geführte (produktfernere) Vorentwicklung und schließlich zu Beginn der 90er Jahre auch der Vertrieb und die den Produkten zugeordneten kaufmännischen Aufgaben. Schließlich wurde das Produktmarketing von der zentralen Marketingabteilung an die damit weitgehend autonomen Produktbereiche übertragen. Am Ende dieses Prozesses stand dann – vor etwa zehn Jahren – die Verselbständigung des Produktmanagements, entweder als eigene organisatorische Einheiten der Produktbereiche oder, bei den immer noch funktional gegliederten Unternehmen, als Zentralabteilung.

Inzwischen wird das Produktmanagementkonzept nicht nur für Verbrauchs- oder Gebrauchsgüter, also materielle Produkte, genutzt, sondern zunehmend auch für immaterielle. Gerade im Dienstleistungssektor, speziell bei Banken und Versicherungen, wächst die Erkenntnis, dass deren Produkte durch den gezielten Einsatz von Produktmanagementmethoden effizienter, schneller und kostengünstiger geplant, entwickelt und vermarktet werden können.

1.3   Erfolgsfaktoren

Wirtschaftswissenschaftler, Manager und Unternehmensberater, allen voran Arthur D. Little (siehe Literatur), haben häufig untersucht, warum bestimmte Unternehmen – gemessen an Umsatzwachstum und Eigenkapitalrendite – erfolgreicher sind als die Mehrzahl ihrer Wettbewerber. Dabei wurde festgestellt, dass der Erfolg maßgeblich von der Effizienz der Produktplanung (siehe Kapitel IV) und den daraus resultierenden Eigenschaften der angebotenen Produkte abhängt, nämlich:

• innovative Leistungsmerkmale,

• optimale Komplexität,

• attraktives Design,

• starke Marke,

• hohe Qualität,

- niedrige Kosten/Preise und

- umfassende Dienstleistungen.

Darüber hinaus zeigen diese Untersuchungen, dass erfolgreiche Produkte ein effizientes Produktmanagement voraussetzen und dass dessen Erfolg in erster Linie von folgenden Faktoren abhängt:

- Eine geeignete *Unternehmenskultur,* nämlich eine, die ohne Top-down-Hierarchie, ohne autoritären Führungsstil und ohne Bereichsegoismen auskommt und stattdessen Delegation von Aufgaben, interdisziplinäre Zusammenarbeit sowie Kreativität und Experimentierfreude fördert und fordert.

- *Produktmanager,* für die der Erfolg ihrer Produkte wichtiger ist als ihr eigener, die Probleme nicht nur erkennen, sondern auch lösen, und die sich auf das Wesentliche konzentrieren.

- „*Sponsoren*", die in der Unternehmenshierarchie weit genug oben stehen, um „ihrem" Produktmanager bei der Versorgung mit den erforderlichen finanziellen und anderen Ressourcen helfen und ihnen den Rücken freihalten zu können.

- Eine schlanke und durchlässige *Organisationsstruktur,* die schnelle Entscheidungen und kurze Reaktionszeiten bei der Abstimmung und Umsetzung von Korrekturmaßnahmen gewährleistet.

- Ein gut funktionierendes innerbetriebliches *Kommunikationssystem,* das diese Entscheidungs- und Abstimmungsprozesse unterstützt.

In den Kapiteln II und III werden die hier genannten Erfolgsfaktoren untersucht und Maßnahmen zu ihrer Stärkung vorgestellt – ergänzt durch entsprechende Beispiele und Hinweise aus der Praxis.

2 Produkte

2.1 Begriffsdefinition

Aber was ist denn eigentlich ein Produkt? Auf diese Frage erhält man – je nachdem ob man mit einem Produktanbieter oder einem Produktnachfrager spricht – unterschiedliche Antworten. Für den letzteren ist das Produkt Mittel zur Erfüllung von Wünschen und Bedürfnissen, für den Anbieter dagegen Grundlage seiner Daseinsvorsorge. So dient ein Fahrrad einerseits der sportlichen Fortbewegung des Käufers und andererseits dem finanziellen Wohl des Verkäufers und seiner Mitarbeiter und Lieferanten. Diese begriffliche Ambivalenz bringt folgende, in der Betriebswirtschaftslehre gebräuchliche, Definition zum Ausdruck:

Ein *Produkt* ist ein Wirtschaftsgut, das der Bedarfsdeckung seitens des Nachfragers und der Existenzsicherung seitens des Anbieters dient.

2.2 Produktarten

Produkte lassen sich nach bestimmten Kriterien gruppieren. Die drei wichtigsten sind:

Substanz

- *Materielle* Produkte sind stofflicher Natur und lassen sich unterteilen in
  - naturgegebene Produkte (Boden, Wasser, Luft, Pflanzen …) und
  - hergestellte Produkte (Nahrungsmittel, Medikamente, Werkzeuge, Geräte …).

- *Immaterielle* Produkte haben keine – zumindest keine körperliche – Substanz und gliedern sich in
  - reale Produkte (Dienstleitungen, Informationen, Ideen, Rechte …) und
  - nominale Produkte (Geld, Wertpapiere …).

Viele immaterielle Produkte haben beide Komponenten, so z. B. das Bankprodukt Vermögensverwaltung. Der reale Teil des Produktes besteht aus Beratung (Dienstleistung, Informationsbeschaffung) und der nominale ist das Wertpapiergeschäft. Immaterielle Produkte treten häufig in Verbindung mit materiellen Produkten auf, z. B. Geräte oder Anlagen mit Wartungs- und/oder Reparaturleistungen.

Verwendungshäufigkeit

- *Verbrauchs*produkte wie Nahrungsmittel, Medikamente, Getränke oder Waschpulver zeichnen sich aus durch *einmalige* Verwendung und durch relativ geringe Lagerfähigkeit (im Allgemeinen nicht länger als ein Jahr).

- *Gebrauchs*produkte, hierzu gehören Möbel, Automobile, Maschinen, Computer und andere Geräte, können dagegen *mehrfach* genutzt und relativ lange (meist mehrere Jahre) gelagert werden.

Nachfrager

- *Konsum*produkte werden von *Privat*personen/-haushalten nachgefragt (Business to Consumer, B2C),

- *Investitions*produkte dagegen von *gewerblichen* Kunden, z. B. Herstellern, Händlern oder Organisationen (Business to Business, B2B).

Konsumprodukte werden also von einem Hersteller oder Händler dem Endkunden *direkt* angeboten, Investitionsprodukte dagegen *indirekt, z. B.* als Bestandteil des Endproduktes (siehe Abbildung 2). In beiden Fällen kann es sich dabei um Verbrauchs- oder Gebrauchsprodukte handeln. Entscheidend ist, wer nachfragt bzw. wem das Produkt angeboten wird. Ein Automobil (Gebrauchsprodukt) und Benzin (Verbrauchsprodukt) sind z. B. für eine Privatperson Konsumprodukte[1] , für ein Transportunternehmen dagegen Investitionsprodukte. Gleiches gilt für den Backofen und die Kuchenzutaten, die für den Bäcker Investitionsprodukte sind, für die Hausfrau jedoch Konsumprodukte.

---

1 In der Alltagssprache, und leider auch in vielen Veröffentlichungen, werden Konsumprodukte bzw. -güter mit Verbrauchsprodukten (-gütern) gleichgestellt. In dieser eingeschränkten und daher falschen Betrachtung wird der Konsument nur als Endverbraucher gesehen und Konsum mit Verbrauch oder Verzehr gleichgesetzt, nicht aber auch mit dem Gebrauch von Produkten.

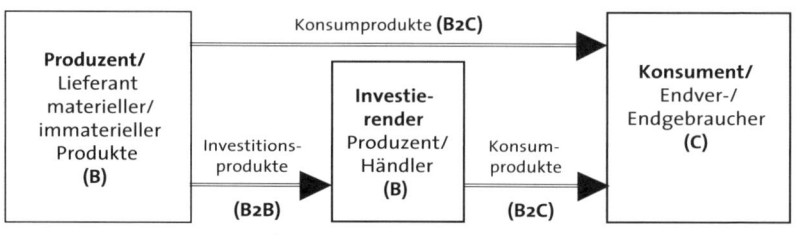

Abbildung 2: *Produkte für private und gewerbliche Nachfrager*

Weitere Unterscheidungskriterien sind z. B. die Verwendungsreife eines Produktes (Rohstoffe, Halbfertigerzeugnisse, Fertigerzeugnisse), die Produktposition im Herstellungsprozess (Inputprodukte, Outputprodukte) oder die Zahl der Bedarfsträger (Massenprodukte, Individualprodukte).

Diese Unterscheidungskriterien gilt es zu beachten, denn je nach Substanz, Verwendungshäufigkeit und Nachfrager eines Produktes gibt es z. B. Unterschiede bei der Produktgestaltung und Vermarktung.

2.3 Produktmerkmale

Produktmerkmale dienen der Identifizierung, Beschreibung, Charakterisierung und Differenzierung eines Produktes.

Hierzu gibt es je nach Betrachtungsweise unterschiedliche Abgrenzungen und Gruppierungen von Produktmerkmalen.

Die Tabelle von Abbildung 3 nennt die (nach Thommen) zur Charakterisierung eines Produktes wichtigsten Kriterien und deren Ausprägungen.

Kriterien	Ausprägungen
Verwendungszweck	Konsumgüter / Produktionsgüter (Investitionsgüter)
Verwendungsdauer	Verbrauchsgüter / Gebrauchsgüter
Erklärungsbedürftigkeit	nicht erklärungsbedürftige / erklärungsbedürftige Güter
Lagerfähigkeit	lagerfähig / beschränkt lagerfähig / nicht lagerfähig
Zahl der Bedarfsträger	Massengüter / Individualgüter
Art der Güter	z.b. Haushaltsgüter / Freizeitgüter / Lebensmittel
Einkaufsgewohnheiten	z.b. Anzahl der Einkäufe pro Zeitperiode, Einkaufszeitpunkt
Neuheitsgrad	neue / modifizierte alte / alte Produkte
Bekanntheitsgrad	anonyme / markierte / Marken-Produkte

Abbildung 3: Produktcharakterisierung (nach Thommen)

Produktmerkmale, die (nach Weis) in besonderem Maße den Verkauf fördern, werden in Abbildung 4 gezeigt.

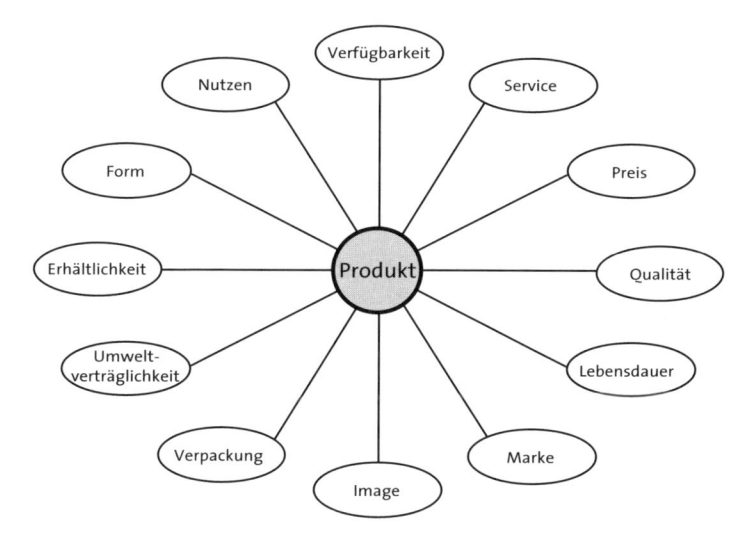

Abbildung 4: Verkaufsfördernde Produktmerkmale (nach Weis)

Andere unterscheiden zwischen den Basismerkmalen/Basisnutzen und den Zusatzmerkmalen/Zusatznutzen eines Produkts.

- Basismerkmale
  Typische Basismerkmale eines Produktes sind seine physikalisch-che-misch-technischen Eigenschaften – z. B. Gewicht, Abmessungen, Auf-bau – und die von ihnen geprägten Merkmale wie Lagerfähigkeit, Lebensdauer, operative Zuverlässigkeit und Preis. Die Basismerkmale liefern den Basisnutzen, den der Käufer vom praktischen Gebrauch oder Verbrauch des Produktes hat.

- Zusatzmerkmale
  Die über die Basismerkmale hinausgehenden – eher ästhetischen und emotionalen – Eigenschaften eines Produktes, wie z. B. das Design (siehe Kapitel IV, 5.2), die Marke (siehe Kapitel IV, 5.3) und das Image – auch das seines Anbieters – gehören zu den Zusatzmerkmalen. Der daraus hervorgehende Zusatznutzen artikuliert sich z. B. in der Freude, die der Nutzer bei der Betrachtung und/oder des Ge- bzw. Verbrauchs seines Produktes empfindet, und/oder dem positiven Eindruck, den das Produkt auf andere macht (persönliche Anerkennung, Prestige).

So besteht beispielsweise der Basisnutzen einer Armbanduhr darin, jederzeit anzuzeigen, wie spät es ist. Erst die zusätzlichen – meist nur selten genutzten – Funktionen (Stoppuhr, Wecker oder Anzeigen des Datums, des Wochentags und der Mondphasen), die Verwendung von Gold statt Kunststoff, ein gutes Design und die Luxusmarke eines renommierten Uhrenherstellers liefern dem Erwerber den Zusatznutzen im oben beschriebenen Sinne.

Ähnliches gilt für das Automobil. Der den Basismerkmalen entsprechende Basisnutzen besteht z. B. in der sicheren, kurzen und bequemen Reise zum Zielort. Die Extras sorgen für den Zusatznutzen, z. B. das angenehme Fahrgefühl, die Begeisterung über das Design sowie die Bewunderung, die andere für dieses Produkt und seinen Besitzer haben.

2.4   Produktphasen

Bevor ein Produkt vermarktet werden kann und damit sein eigentliches Leben beginnt, muss es natürlich erst einmal geschaffen werden. Nach einem meist wechselvollen Leben „stirbt" das Produkt, und seine Überreste werden dann einer möglichst sinnvollen Bestimmung überführt. Daraus ergeben sich die im Folgenden beschriebenen drei Phasen eines Produktes (siehe Abbildung 5).

Entstehungsphase „pränatale" Phase	Lebensphase „vitale Phase"	Entsorgungsphase „postmortale" Phase
• Planung	• Einführung	• Recycling
• Entwicklung	• Wachstum	• Downcycling
• Fertigung	• Reife	• Abfall
	• Rückgang	• Emissionen

Abbildung 5: Produktphasen

1. Entstehungsphase (pränatale Phase)

Am Anfang dieser Phase steht die *Produktplanung*. Zu ihr gehören die Bewertungen des Marktes, des Wettbewerbs und der angebotenen Produkte, die Suche nach Produktideen und die Festlegung der Eigenschaften des neuen Produktes. Diese Kernaktivitäten der Produktplanung werden ergänzt durch Kostenabschätzungen sowie Studien bezüglich der Verfügbarkeit kritischer Komponenten und der Durchführung neuartiger Prozesse (technical feasibility studies).

Es folgt die *Produktentwicklung*, meistens in Form eines zeitlich und finanziell klar umrissenen Entwicklungsprojektes, das mit der Herstellung und dem Testen der ersten Versuchsmuster und Prototypen beendet wird.

Den Abschluss der Entstehungsphase bildet die *Produktfertigung*. Nach der Vorserie und erneuten Tests, die z. T. auch bei potenziellen Kunden durchgeführt werden, beginnt die Serienfertigung des Produktes. Inzwischen wurden auch die für die Produkteinführung benötigten Marketing- und Vertriebsmaßnahmen vorbereitet – die Lebensphase kann beginnen.

2. Lebensphase (vitale Phase)

Im Allgemeinen unterteilt man das Leben eines Produktes in vier Abschnitte[2], nämlich Einführung, Wachstum, Reife und Rückgang. Wie in Abbildung 6 gezeigt, können alle Abschnitte durch bestimmte Kriterien

---

2 In der Literatur wird in diesem Zusammenhang häufig von Lebenszyklusphasen gesprochen. Um Verwechslungen mit den Phasen eines Produktes zu vermeiden, verwende ich den Begriff Lebensabschnitt – ohne den Zusatz Zyklus. Denn es handelt sich im Leben eines Produktes um vier einzigartige, einmalige und nicht wiederkehrende Abschnitte.

der Umsatz-, Umsatzwachstums- und Gewinnkurven klar abgegrenzt werden[3]:

Die Produkt*einführung* ist abgeschlossen, wenn die Umsätze die Kosten decken, d. h. der Break-even-Punkt erreicht ist, ab dem die Produktvermarktung kein Verlustgeschäft mehr ist.

Der darauf folgende *Wachstums*abschnitt endet, wenn der Umsatz nicht mehr steigt, d. h. die Umsatzwachstumskurve[4] ihr Maximum erreicht hat.

Während des anschließenden Abschnitts der *Reife* sinkt dieser Zuwachs auf Null, der Umsatz erreicht sein Maximum.

Schließlich fällt im *Rückgangs*abschnitt der Umsatz ab, und wenn durch den Verkauf des Produktes kein Gewinn mehr erzielt werden kann, wird es normalerweise vom Markt genommen. Wie im Bild schematisch gezeigt, kann man diesen Zeitpunkt nach hinten verschieben, also das Leben des Produktes verlängern, wenn man rechtzeitig die Produktattraktivität durch Produktverbesserungen – auch Product Facelifting genannt – erhöht oder

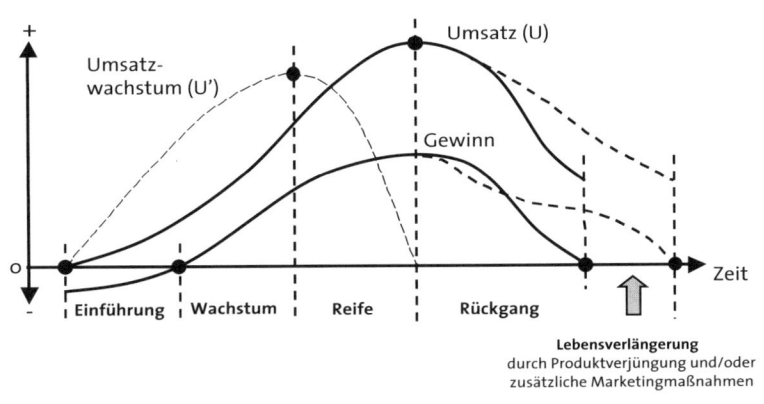

Abbildung 6: Einteilung des Produktlebens in vier Abschnitte

---

3 Die gelegentlich bevorzugte Einteilung in fünf Abschnitte (Einfügen der „Sättigung" nach der „Reife" und vor dem „Rückgang") lässt diese Form der Abgrenzung nicht zu.
4 Sie ist mathematisch betrachtet die „erste Ableitung" des Umsatzverlaufs.

die Marketingbemühungen steigert. Diese Maßnahmen sind natürlich mit zusätzlichen Kosten verbunden (siehe Gewinnrückgang), können sich aber insgesamt lohnen, wie das in der Abbildung 6 gewählte Beispiel zeigt.

3. Entsorgungsphase (postmortale Phase)

Nicht erst am Lebensende, sondern schon bei der Planung, spätestens aber bei der Entwicklung eines Produktes werden die Weichen für Möglichkeiten der Produktentsorgung (z. B. durch Recycling) und für die entsprechenden Kosten gestellt. Dieses Thema wird im Kapitel V, 3.3 Öko-Engineering ausführlich behandelt.

2.5   Produktprogramm

Als *Produktprogramm*[5] bezeichnet man die Gesamtheit der von einem Unternehmen angebotenen Produkte.

Wie Abbildung 7 am Beispiel eines Unternehmens der Heizungstechnik zeigt, besteht ein Produktprogramm aus

• einzelnen *Produkten,*

• *Produktgruppen*[6], die gleichartige Produkte erfassen, und

• *Produktlinien,* denen unterschiedliche Produktgruppen angehören.

Die Anzahl der Produktlinien bestimmt die *Programmbreite* und die Anzahl der in den Produktgruppen enthaltenen Produkte die *Programmtiefe.*

---

5 Dieses wird allgemein auch Absatzprogramm oder Produkt-Mix genannt und im Handel Sortiment.
6 Sie werden gelegentlich auch in „Produktfamilien" unterteilt.

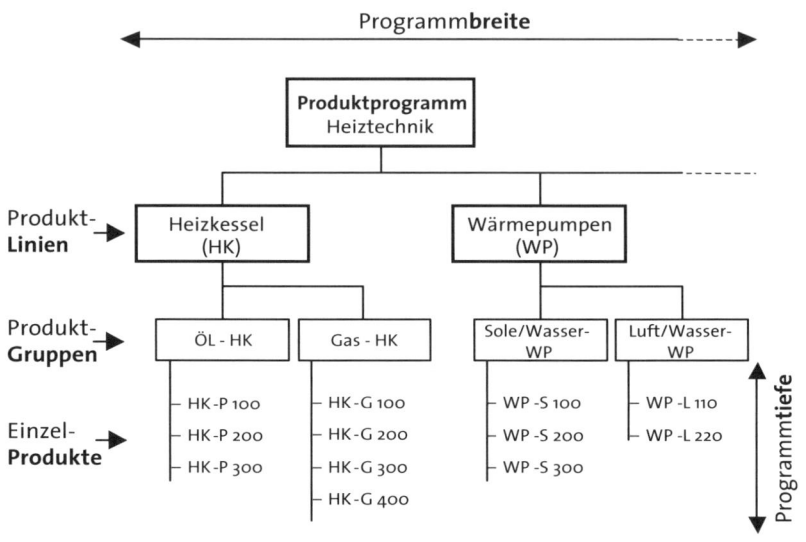

Abbildung 7: *Produktprogramm (Auszug) eines Unternehmens der Heizungstechnik*

2.6 Produktpolitik

Die Produktpolitik ist eines – sicherlich auch das wichtigste – von vier Marketinginstrumenten, die im Verbund (Marketing-Mix) zur Realisierung von Marketingzielen eingesetzt werden[7].

Unter *Produktpolitik* versteht man die art- und mengenmäßige Gestaltung eines Produktprogramms, seiner Produkte und der mit diesen angebotenen Dienstleitungen.

Betroffen sind hiervon zum Beispiel:

• die Breite und Tiefe des Produktprogramms bzw. die Zahl und Zusammensetzung seiner Produktlinien und -gruppen (siehe Kapitel I, 2.5),

---

7   Die anderen Marketinginstrumente sind die Distributionspolitik (betr. Vertriebswege, Handel, Logistik), die Konditionenpolitik (Lieferbedingungen, Preise, Rabatte) und die Kommunikationspolitik (Verkaufsförderung, Werbung, Öffentlichkeitsarbeit).

- die Qualität, das Design, die Verpackung oder andere Merkmale der Produkte (siehe Kapitel I, 2.3),

- Wartung, Reparaturdienst, Schulung oder andere Dienstleistungen (siehe Kapitel VIII).

Falls das Produktprogramm eines Unternehmens, z. B. im Rahmen einer bestimmten Produkt-Markt-Strategie (siehe Kapitel IV, 3), verändert werden muss, gibt es eine Vielzahl produktpolitischer Möglichkeiten. Die wichtigsten sind:

- *Produktmodifikation:* Dabei geht es bei einem vom Unternehmen im Markt schon angebotenen Produkt um die (meist geringfügige) Veränderung ganz bestimmter Eigenschaften, z. B. der Leistungsmerkmale, Größe, Form, Farbe, Marke und/oder Serviceleistungen.

- *Produktinnovation:* Darunter versteht man die Aufnahme eines neuen Produktes in das Produktprogramm, entweder
  – um ein bestehendes Produkt zu ersetzen (Produktablösung), z. B. infolge neuer technologischer Möglichkeiten ein analoges durch ein digitales Telefon, oder
  – um mit diesem neuen Produkt einen für das Unternehmen neuen Markt zu erschließen (Produktdiversifikation), z. B. indem eine Kaffee-Rösterei auch Mobiltelefone mit Nutzungsverträgen anbietet.

- *Produktelimination:* Das bedeutet, dass sich das Unternehmen von einem/mehreren Produkt/en oder einer/mehren Produktgruppe/n bzw. Produktlinie/n trennt, um damit sein Absatzprogramm zu straffen, z. B. dadurch, dass ein Telekommunikationsunternehmen keine Faxgeräte mehr vertreibt.

23

II   Produktmanager

Der Erfolg von Produkten bzw. des Produktmanagements hängt in sehr starkem Maße vom Produktmanager ab. Wie man ihn sucht, auswählt und im Unternehmen eingliedert, welche Aufgaben, Kompetenzen und Verantwortung ihm übertragen werden, sind daher die entscheidenden Fragen. Sie sollen in den folgenden Abschnitten beantwortet werden.

1   Stellencharakteristik

Das Studium der Stellenanzeigen für Produktmanager führt zu folgenden Ergebnissen:

- Die Zahl der ausgeschriebenen Stellen nimmt ständig zu, allein in den letzten fünf Jahren um mehr als 100 Prozent.

- Etwa die Hälfte aller Anzeigen bezieht sich auf Verbrauchsprodukte, insbesondere aus dem Pharmabereich, bei den übrigen Angeboten geht es um Gebrauchs- und Dienstleistungsprodukte.

- Die Aufgaben des gesuchten Produktmanagers und die an ihn gestellten Anforderungen werden meistens detailliert beschrieben. Über andere Teile der Stellencharakteristik, z. B. über Kompetenzen und Verantwortung des Produktmanagers sowie seine Einbindung in die Unternehmensstruktur bzw. über die praktizierte oder vorgesehene Produktorganisationsform, wird in diesen Anzeigen nur selten Auskunft gegeben.

25

Die im letzten Punkt angesprochenen Fragen müssen dann während des Vorstellungsgesprächs und letztendlich im Rahmen des Anstellungsvertrages beantwortet werden. Dabei muss sichergestellt werden, dass die Aufgaben, Kompetenzen und Verantwortung einander entsprechen: Denn die Verantwortung für die Erfüllung einer Aufgabe kann nur derjenige übernehmen, der die hierfür erforderlichen Kompetenzen erhält.

Auf diese vertragliche Vereinbarung kann man sich dann auch beziehen, wenn die Regeln der Zusammenarbeit zwischen Produktmanager und Fachbereichen festgelegt werden. Denn einige ihrer Vertreter betrachten die Einführung von Produktmanagement gelegentlich mit Argwohn und Misstrauen, da sie bei der Neuordnung der Arbeitsprozesse in erster Linie an den vermeintlichen oder auch reellen Verlust von Teilen ihrer Macht und weniger an die neuen Herausforderungen denken.

Was die an einen Produktmanager gestellten Anforderungen anbelangt, ergibt die Auswertung der Stellenanzeigen, nach prozentualer Häufigkeit der Nennungen sortiert (in der Summe daher nicht 100 Prozent), folgendes grobe Profil:

80% • Hochschulabschluss
     • Fremdsprachenkenntnisse

50% • Kommunikative Fähigkeiten
     • Teamfähigkeit
     • EDV-Kenntnisse

20% • Kreativität, Initiative
     • Verhandlungsgeschick
     • Fähigkeit, Mitarbeiter zu führen und zu motivieren
     • Berufliche Erfahrung

10% • Internationale Erfahrung
     • Lernfähigkeit

Darüber hinaus ergeben sich aus diesen Auswertungen folgende Trendaussagen:

• Ein Hochschulabschluss wird inzwischen von fast allen Unternehmen gefordert, und zwar vorwiegend in BWL/Marketing für das Management von Verbrauchsprodukten und in Ingenieurwissenschaften für Gebrauchs- und Dienstleistungsprodukte.

- Wegen der fortschreitenden Globalisierung der Märkte und Unternehmen werden zunehmend gute Fremdsprachenkenntnisse und internationale Erfahrung verlangt.

- Ansprüche bezüglich Team-, Motivations- und kommunikative Fähigkeiten sowie Verhandlungsgeschick werden immer häufiger ergänzt durch die Forderung, vernetzt denken zu können.

- EDV-Kenntnisse werden immer seltener speziell gefordert, da man sie einfach voraussetzt.

- Berufserfahrung spielt eine immer wichtigere Rolle. Berufseinsteiger werden seltener gesucht, sondern meistens Personen im Alter von etwa 35 Jahren.

- Bezüglich der gewünschten Persönlichkeitsstruktur kann man einen klaren Trend zum „Macher" beobachten. Er soll analytisch und strukturiert denken können und die Fähigkeit besitzen, schnell zu entscheiden und entsprechende Maßnahmen zügig umzusetzen.

In den folgenden vier Abschnitten soll gezeigt werden, inwieweit Art und Umfang der Aufgaben, der Kompetenzen und Verantwortung des Produktmanagers in direkter Wechselbeziehung zueinander stehen und von der Form der Produktorganisation abhängen.

2   Organisationsformen

Es gibt grundsätzlich zwei Möglichkeiten, einen Produktmanager[8] (und dessen Team) in die Basisstruktur eines Unternehmens organisatorisch einzugliedern:

- Entweder als Inhaber einer *Stabstelle* des Vorsitzenden bzw. eines anderen Mitglieds der Leitung des Unternehmens/eines Unternehmensbereichs, z. B. des Marketingbereichs oder eines Produktbereichs (Stab-Produktmanagement-Organisation).

---

8 Um die Lesbarkeit des Textes nicht zu erschweren, werden alle Personenbenennungen in der männlichen Form gehalten und sind als Kurzform für beide Geschlechter gedacht.

- Oder als *Mitglied* der Unternehmens- oder Bereichsleitung. Dabei unterscheidet man – je nach Typ und Grundstruktur des Unternehmens sowie nach dem Grad der Selbständigkeit bei der Planung und Durchführung der Produktaufgaben – zwischen der *Matrix-* und der *Reinen* Produktmanagement-Organisation.

Diese drei Basis-Organisationsformen (von ihnen abgeleitete Mischformen gibt es gelegentlich auch) werden nun an Hand von Beispielen aus der Praxis erläutert.

2.1   Stab-Produktmanagement-Organisation (SPO)

Im Allgemeinen besteht die Hauptaufgabe eines Stabes darin, die Person[9], der er zugeordnet ist, zu beraten und bei der Entscheidungsfindung zu unterstützen. Dabei hat der Stab zwar Zugriff auf andere Organisationseinheiten des Unternehmens, z. B. zur Beschaffung von Informationen, hat aber keine Anordnungsbefugnisse. Andererseits können Stabstellen wegen der kleinen Zahl der betroffenen Mitarbeiter – meist nicht mehr als drei Personen – ohne große Beeinträchtigung der Gesamtstruktur schnell eingerichtet und besetzt werden und auch ebenso zügig wieder aufgelöst werden.

In der Praxis wird daher die Stab-Produktorganisation insbesondere in dringenden Fällen oder aber als Vorstufe anderer Organisationsformen gewählt. Falls z. B., wie in Abbildung 8 gezeigt, ein Computerhersteller durch die eigene Entwicklung, Fertigung und den Vertrieb neuartiger Tastaturen sein Produktangebot erweitern will, ist oft der erste Schritt die Ernennung eines „Produktmanagers Tastaturen", und zwar zunächst als Inhaber einer Stabstelle des Unternehmensleiters. Sollte der Markterfolg des neuen Produktes zur Gründung eines neuen Produktbereichs mit eigenem Produktmanagement führen, wird die ursprüngliche Stabstelle aufgelöst. Ihre Mitarbeiter werden im Regelfall dann in diesen neuen Produktbereich versetzt, damit wichtiges Know-how nicht verloren geht.

---

9 Hinweis aus der Praxis: Stäbe sollten im Interesse einer klaren Unterstellung nicht einer Gruppe (z. B. der Geschäftsleitung), sondern immer einer bestimmten Person (z. B. dem Vorsitzenden der Geschäftsleitung) zugeordnet werden.

In funktional strukturierten Unternehmen oder innerhalb eines Produktbereichs ist die Matrixstruktur die gängigste Form der Produktmanagement-Organisation. Dabei ist – im Unterschied zur Stab-Organisation – das
Produktmanagement-Team von Beginn an groß genug (in der Praxis meist
fünf bis zehn Personen stark) und auch fachlich in der Lage, bestimmte
Produktaufgaben nicht nur zu planen, sondern auch selbst durchzuführen.
Die Mehrzahl der Aufgaben, z. B. die Produktentwicklung, die Fertigung

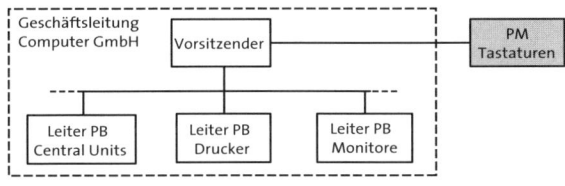

Stab-Produktmanagement-Organisation (SPO)

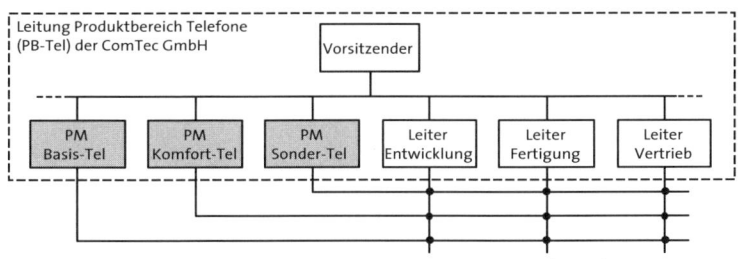

Matrix-Produktmanagement-Organisation (MPO)

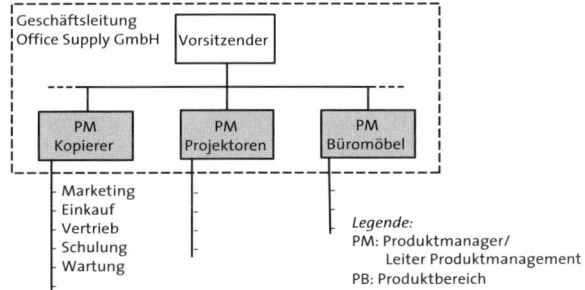

Reine Produktmanagement-Organisation (RPO)

Abbildung 8: Grundformen der Produktmanagement-Organisation (mit Beispielen)

und der Vertrieb, muss jedoch an die funktionalen Abteilungen delegiert werden.

Wie in Abbildung 8 am Beispiel eines Produktbereichs für Telefonapparate gezeigt, wird zu diesem Zweck die Funktionsebene von einer produktorientierten Ebene überlagert, und es entsteht so eine Matrix, d. h. eine Gitterstruktur mit einer Vielzahl von Knotenpunkten. Sie symbolisieren die bei dieser Organisationsform erforderliche Abstimmung und Zusammenarbeit zwischen den beiden hierarchisch gleichwertigen Leitungsebenen, d. h. zwischen den Leitern/Mitarbeitern der Produktmanagement-Teams und denen der funktionalen Bereiche.

Hohe Flexibilität sowie gute Arbeitsteilung und Kapazitätsauslastung sind die Vorteile der Matrixorganisation. Sie überwiegen meist die Nachteile, die durch die erhöhte Konfliktgefahr und den entsprechend größeren Koordinations- und Kommunikationsaufwand entstehen. Voraussetzungen für den Einsatz und Erfolg der Matrix-Produktmanagement-Organisation sind:

• eine *Unternehmenskultur,* die auf Zusammenarbeit basiert sowie Fehler und (begründete) Widersprüche zulässt,

• die *Kooperationsbereitschaft* aller Beteiligten,

• eine klare *Aufgabenzuordnung,* z. B. nach der in Kapitel III, 5 vorgestellten KEDMIB-Methode,

• die Festlegung der *Weisungsbefugnisse* des Produktmanagers und der Funktionsmanager gegenüber den betroffenen Mitarbeitern (siehe hierzu Kapitel II, 4) und

• die Vereinbarung und strikte Umsetzung von *Regeln* zur Vermeidung, frühzeitigen Erkennung und effizienten Lösung von Konflikten.

Konflikte werden häufig dadurch ausgelöst, dass mehrere Produktmanager zur selben Zeit die Unterstützung derselben Experten wünschen. Doch bei entsprechender Unternehmenskultur und Kooperationsbereitschaft der betroffenen Personen werden solche Konflikte meist auf dem direkten Wege, d. h. ohne Einschaltung der Vorgesetzten, gelöst. Andernfalls müssen die Prioritäten – aus der Sicht des Unternehmens – vom Product Management Board (siehe Kapitel III, 3) festgelegt oder geändert werden.

2.3   Reine Produktmanagement-Organisation (RPO)

Die meisten der oben beschriebenen Nachteile der Matrix-Organisation werden bei der Reinen Produktmanagement-Organisation vermieden. Das gilt insbesondere für Konflikte, die durch die Verteilung der Weisungsbefugnisse oder den Zugriff auf die meist knappen Ressourcen der Funktionsbereiche entstehen können.

Bei dieser Organisationsform ist das Unternehmen nach Bereichen für einzelne Produkte oder Produktgruppen strukturiert. An der Spitze jedes Bereichs steht ein Produktmanager, der über alle personellen, sachlichen und finanziellen Mittel zur Bearbeitung der unterschiedlichen Produktaufgaben verfügt und Mitglied der Unternehmensleitung ist. Dadurch wird sichergestellt, dass die Geschäftsfelder aller Bereiche, insbesondere ihre Planungseckpunkte und Abgrenzungen, untereinander abgestimmt werden und im Einklang mit den übergeordneten Zielen des Unternehmens stehen.

Wegen des hohen organisatorischen und finanziellen Aufwands, der mit der Einrichtung, eventuell auch Umwandlung und irgendwann Auflösung autonomer Produktmanagementbereiche verbunden ist, wird die Reine Produktorganisation nur bei Unternehmen mit relativ stabilen Markt- und Wettbewerbsbedingungen (gilt immer seltener) und/oder relativ geringer Wertschöpfung eingesetzt. Letzteres betrifft insbesondere Handelsunternehmen – so wie der in Abbildung 8 gezeigte Anbieter von Kopierern, Projektoren und Büromöbeln. Seine Produkte bezieht er von externen Lieferanten, sodass Wettbewerbsfähigkeit und Erfolg dieses Unternehmens „nur" von der marktgerechten Beschaffung der fremd entwickelten und gefertigten Produkte und von der Effizienz seines Vertriebs abhängen, sowie der Attraktivität der angebotenen Dienstleistungen (Schulung, Wartung etc.).

3   Aufgaben

Die dem Inhaber einer Stelle übertragenen *Aufgaben* sind Zielvorschriften für menschliches Handeln.

Beziehen sich diese Zielvorschriften auf ein Produkt oder eine bestimmte Produktgruppe, spricht man von *Produktaufgaben*.

Die dem Produktmanager übertragenen Aufgaben nennt man *Produktmanagementaufgaben*.

Die folgende Liste typischer Produktmanagementaufgaben wurde für ein Unternehmen der Gebrauchsgüterindustrie zusammengestellt. Sie sind den unterschiedlichen Produktphasen (siehe Kapitel I, 2.4) oder den allgemeinen Aufgaben zugeordnet und gelten für jede der oben beschriebenen Organisationsformen.

Entstehungsphase (pränatale Phase)

- Produktplanung
  - Auswertung von Markt-, Produkt-, Technologietrends
  - Wettbewerbsbeobachtung, -analysen
  - Erarbeitung der Produktstrategie
  - Erfassung und Auswertung von Produktideen
  - Definition von Produkt- und Ländervarianten
  - Planung von Produktmigration
  - Mitarbeit an Marketingstrategie/-plan
  - Mitarbeit an Vertriebs- und Servicestrategie
  - Erstellung von Lastenheft und Produktsteckbrief
  - Abschätzung der Kosten
  - Wirtschaftlichkeitsprüfung
  - Vorbereitung des Produktentwicklungsauftrags

- Produktentwicklung/-fertigung
  - Mitarbeit am Pflichtenheft
  - Überwachung des Entwicklungsfortschritt
  - Änderungsmanagement
  - Mitarbeit an Fertigungs- und Vertriebsfreigabe

Lebensphase (vitale Phase)

- Vertriebsunterstützung, Kundenbesuche

- Erarbeiten von Produktaktualisierungsvorschlägen

- Entwerfen von Produktrationalisierungsmaßnahmen

- Überwachen von Preisen und Konditionen

- Erarbeiten von Verkaufsförderungsaktionen

- Bearbeitung von Reklamationen

- Durchführung von Kunden- und Anwenderschulung

- Mitarbeit an Messekonzepten

- Planung und Umsetzung von Auslaufstrategien

Entsorgungsphase (postmortale Phase)

- Umsetzung des Entsorgungsplans überwachen

- Erreichung der Ökobilanz-Ziele prüfen

- Produktabschlussbericht (Nachruf) mit „Lehren für die Zukunft" erstellen

Allgemein

- Meetings des Product Review Committee (siehe Kapitel III, 2) einberufen und leiten

- an Meetings des Product Management Board (siehe Kapitel III, 3) teilnehmen

- Kontakte zu Fachverbänden und -organisationen pflegen und in Gremien (z. B. für Normung) mitarbeiten

- Teilnahme an Fachtagungen, evtl. Vorträge halten

- Fachaufsätze verfassen

In einer *Matrix*-Produktmanagement-Organisation übernimmt der Produktmanager zusätzliche Aufgaben, z. B. die der Produktplanung (siehe Kapitel IV). In der *Reinen* Produktmanagement-Organisation trägt er die Verantwortung für alle Produktaufgaben – von der Produktplanung bis zur Produktentsorgung.

4   Kompetenzen

Unter *Kompetenzen* versteht man in der Organisationslehre die Rechte und Befugnisse, die einem Stelleninhaber zugeteilt werden und die er benötigt, um seine Aufgaben erfüllen zu können.

In diesem Sinne beinhalten die Kompetenzen eines Produktmanagers beispielsweise

- das *Mitspracherecht* bei allen produktbezogenen Entscheidungen,

- das *Einspruchsrecht* bei bestimmten wichtigen Produktentscheidungen (z. B. Entwicklungs-, Fertigungs- oder Vertriebsfreigabe),

- das Recht, bestimmte *Produktaufgaben* an interne oder externe Stellen zu vergeben,

- das Recht, an allen relevanten *Besprechungen* teilzunehmen bzw. diese einzuberufen,

- das Recht, alle aufgabenbezogenen *Daten* anzufordern und/oder einzusehen,

- das Recht, über das ihm zugeteilte *Produktbudget* frei bzw. unter Berücksichtigung der vereinbarten Abstimmungsregeln zu verfügen,

- *Weisungsbefugnisse* gegenüber den Mitarbeitern seines Teams bzw. der funktionalen Bereiche.

Was den letzten Punkt anbelangt, können erfahrungsgemäß viele unternehmensinterne Reibungsverluste und die daraus resultierenden Kosten und Verzögerungen dadurch vermieden werden, dass die Weisungsbefugnisse der Produktmanager und ihrer Fachbereichskollegen möglichst detailliert und im gegenseitigen Einvernehmen festgelegt werden. Dabei sollte man zunächst klären, um welche Arten von Weisungsbefugnissen es sich handelt und was sie beinhalten, z. B.

- operationale (*Was* soll *wann* gemacht werden?),

- fachliche (*Wie* soll es gemacht werden?) und

- disziplinarische (Sie betreffen u. A. die Arbeitszeiten, den Urlaub, das Gehalt sowie die Beurteilung, Beförderung und Versetzung eines Mitarbeiters).

In einer Reinen Produktmanagement-Organisation (siehe Kapitel II, 2.3) verfügt der Produktmanager gegenüber den Mitarbeitern seines Bereichs verständlicherweise über alle drei Arten der Weisungsbefugnisse. Bei den anderen Organisationsformen gilt diese Regelung auch für die Mitglieder seines ihm direkt unterstellten Teams, nicht aber für die am Produktmanagementprozess beteiligten Mitarbeiter der funktionalen Bereiche. Für diese Spezialisten müssen, abhängig von der Art ihres Arbeitseinsatzes (Vollzeit oder Teilzeit), die unterschiedlichen Weisungsbefugnisse im Einzelnen festgelegt werden.

Hierzu ein Beispiel aus der Praxis.

Für die Entwicklung und Vermarktung eines neuen Softwareproduktes wurde Folgendes vereinbart (siehe Abbildung 9):

Mitarbeiter, die auf Vollzeitbasis das Produktmanagementteam unterstützen, erhalten ihre operationalen Anweisungen vom Produktmanager und die funktionalen von ihrem Fachbereichsleiter. Der Produktmanager bestimmt z. B., welche Softwaremodule die Mitarbeiter wann entwickeln sollen, und der Fachbereichsleiter legt fest, welche Softwarewerkzeuge hierfür einzusetzen sind, nämlich die im Unternehmen gebräuchlichen und möglichst keine Exoten, die mit langen Einarbeitungszeiten verbunden sind.

Der Fachbereichsleiter verfügt in unserem Beispiel auch über das disziplinarische Weisungsrecht, stimmt sich jedoch, z. B. bei der Genehmigung des Urlaubs oder bei der jährlichen Mitarbeiterbeurteilung, mit dem Produktmanager ab.

Diejenigen, die als Spezialisten unterschiedliche Produktmanagementteams auf Teilzeitbasis unterstützen, erhalten ihre operationalen Weisungen ebenfalls vom Produktmanager, doch erst nach Rücksprache mit dem Fachbereichsleiter. Er muss nämlich dafür sorgen, dass seine Mitarbeiter den verschiedenen Produkten optimal – im Sinne des Unternehmens – zugeordnet werden. Abgesehen davon hat er die fachlichen und disziplinarischen Weisungsrechte.

Weisungsbefugnisse	Vollzeit-unterstützung	Teilzeit-unterstützung
operational (Was?/Wann?)	P	P / F
fachlich (Wie?)	F	F
disziplinarisch (Arbeitszeit, Urlaub ...)	F / P	F

Abbildung 9: Weisungsbefugnisse von Produktmanager (P) und Fachbereichsleitern (F) gegenüber Spezialisten, die auf Vollzeit- oder Teilzeitbasis bestimmte Produktaufgaben übernehmen (Beispiel)

5 Verantwortung

> Unter *Verantwortung* versteht man in der Organisationslehre die Pflicht eines Aufgabenträgers, über die zielentsprechende Erfüllung der ihm übertragenen Aufgabe(n) persönlich Rechenschaft abzulegen.

Beim Produktmanager gilt das zweifellos für die ihm direkt übertragenen Aufgaben, den sog. Produktmanagementaufgaben (siehe Kapitel II, 3). In einer *Reinen Produktmanagement-Organisation* sind das alle Produktaufgaben. Der Produktmanager trägt daher in diesem Fall als „Subunternehmer" bzw. „Unternehmer im Unternehmen" die Gesamtverantwortung für den Erfolg (oder auch Misserfolg) seines Produktes oder seiner Produktgruppe – einschließlich der Erreichung der Umsatz- und Ergebnisziele.

Für diesen Erfolg kann der Produktmanager in einer *Stab-* oder *Matrix-Produktmanagement-Organisation* offensichtlich nur eine mehr oder weniger große Mitverantwortung tragen. Denn in diesen Fällen werden viele und oft sogar die Mehrzahl der Produktaufgaben von anderen Unternehmensbereichen oder externen Partnern durchgeführt, während der Produktmanager nur für die Planung, Koordination und Kontrolle dieser Aufgaben verantwortlich ist. Dabei zeigt sich übrigens besonders deutlich die eingangs erwähnte Wechselbeziehung zwischen Aufgaben, Kompetenzen und Verantwortung und deren Abhängigkeit von der Produktorganisationsform.

III Produktmanagement-Werkzeuge

1 Product Meetings
2 Product Review Committee (PRC)
3 Product Management Board (PMB)
4 Product Fact Book (PFB)
5 KEDMIB-Methode
6 Projektmanagement

Von den Managementwerkzeugen des Produktmanagements gibt es einige, die schwerpunktmäßig nur in einer besonderen Produktphase zum Einsatz kommen (z. B. die Portfolioanalyse in der Produktentstehungsphase), und einige andere, die nur eine bestimmte Produkteigenschaft betreffen (z. B. Six Sigma die Produktqualität). Diese und andere spezielle Werkzeuge werden in den entsprechenden Kapiteln dieses Buches präsentiert.

Demgegenüber gibt es Managementwerkzeuge, insbesondere organisatorische und methodische Hilfen, die sich *ganzheitlich* auf das Produkt und den Prozess seines Managements beziehen. Einige dieser – nach den (auch eigenen) Erfahrungen aus der Praxis – besonders nützlichen Werkzeuge werden in den folgenden Abschnitten vorgestellt.

1 Product Meetings

Der Produktmanager ist auf die enge Zusammenarbeit mit einer Vielzahl von, vor allem unternehmensinterner, Stellen angewiesen. Damit deren Kräfte möglichst effizient für den Erfolg seines Produkts eingesetzt werden können, muss er dafür sorgen, dass in diesem Netzwerk die Kommunikation, d. h. die Verteilung, der Abruf, insbesondere aber der Austausch der produktrelevanten Informationen, gut funktioniert. Eine wichtige Rolle spielen dabei – abgesehen von der schriftlichen Kommunikation – die zwischen den Beteiligten telefonisch und persönlich geführten Gespräche. Letztere, ob Einzel- oder Gruppengespräche, sind zweifelsohne die wirkungsvollsten „Werkzeuge", wenn es um Abstimmung, Meinungsbildung, Lösung von Problemen oder Beseitigung von Konflikten geht.

Viele dieser Gespräche finden spontan statt, die meisten sind jedoch fest terminiert und auch hinsichtlich ihres Ablaufs klar strukturiert. Beispiele hierfür sind die Meetings des Product Review Committee (siehe Kapitel III, 2) oder des Product Management Board (siehe Kapitel III, 3). Für diese Art von Product Meetings gelten folgende praxiserprobten Hinweise:

Vorbereitung

* *Zweck* und *Ziele* des Meetings möglichst genau definieren,

* Entsprechende *Tagesordnung* zusammenstellen (zunächst durch ein oder zwei „Warm-ups" gute Gesprächsatmosphäre schaffen, dann Einstieg in das Hauptthema),

* *Teilnehmer* sorgfältig auswählen (nur die von den Themen betroffenen, keine Statisten, um den Raum zu füllen),

* *Termin, Dauer* und *Ort* nicht an hierarchischen Wünschen ausrichten, sondern an Produkt- und Unternehmensinteressen sowie an den Teilnahmemöglichkeiten der für die Erreichung der Meetingziele wichtigsten Personen,

* *Einladung* und *Unterlagen* rechtzeitig (möglichst nicht weniger als eine Woche vor dem Meeting) verschicken.

Durchführung

* *Offene Kommunikation:* z. B. „ich" statt „man" verwenden, reden und ausreden lassen,

* *Verständlichkeit:* einfache und konkrete Sprache, kurze und prägnante Sätze,

* *Killerphrasen* nicht zulassen,

* *Positive Körpersprache:* offene Haltung, Nicken, Blickkontakt,

- *Gesamtdauer* des Meetings einhalten, evtl. jedoch Zeitbudget einzelner Tagesordnungspunkte im Interesse der Zielerreichung ändern (d. h., es ist besser, einige weniger wichtige Tagesordnungspunkte zu verschieben, als alle nach fester Zeitstruktur nur partiell zu behandeln),

- *Zwischenergebnisse* und *Aktionen* (wer?, was?, bis wann?) festhalten,

- (Raucher-)*Pausen* einlegen.

Nachbereitung

- *Ergebnisprotokoll* (kein Redeprotokoll) erstellen und spätestens 24 Stunden nach dem Meeting verteilen (der Wert der Information nimmt exponentiell über der Zeit ab!),

- *Feedbackgespräche* mit einzelnen Teilnehmern führen (es darf nach dem Meeting keine Verlierer geben),

- *Kontrolle* der Umsetzung der beschlossenen Maßnahmen.

2   Product Review Committee (PRC)

Da Märkte sich immer rascher verändern und neue Technologien in kürzeren Abständen entwickelt werden, wird es immer schwieriger, Produktaufgaben – von der Produktidee bis zur Produktentsorgung – verlässlich über mehrere Jahre hinweg zu planen. Produktmanager sind daher im Verlauf dieser Zeit immer häufiger zu Plankorrekturen gezwungen und dabei in zunehmendem Maße auf die Unterstützung durch ein Product Review Committee (PRC) angewiesen.

Das PRC ist ein Komitee der Arbeitsebene. Üblicherweise entscheidet der betroffene Produktmanager über

- die Notwendigkeit der *Gründung* und den *Einsatz* eines PRC,

- die *Zusammensetzung* des PRC (meist je ein Vertreter des Marketing, der Entwicklung, der Fertigung, des Vertriebs, der Serviceabteilung, der Kaufmännischen Abteilung und der Qualitätssicherung) und

- Tagesordnung, Ort, Termin (meist alle zwei Wochen) sowie Dauer (meist drei Stunden) der *Meetings* des PRC.

Dabei werden, unter dem Vorsitz des Produktmanagers, zunächst der Fortgang der Produktaufgaben geprüft, dann eventuelle Veränderungen wichtiger Randbedingungen erörtert und schließlich entsprechende Korrekturmaßnahmen definiert. Soweit diese nicht den vereinbarten Rahmen verlassen – im Regelfall gilt das für die Mehrzahl dieser Maßnahmen –, beschließt der Produktmanager deren Umsetzung.

Das PRC dient damit der Vereinfachung und Beschleunigung des Entscheidungsprozesses und unterstützt die interdisziplinäre Zusammenarbeit der am Produktmanagementprozess beteiligten Stellen. Schließlich werden dadurch, dass diese Stellen bei wichtigen Produktentscheidungen mit einbezogen werden, Eigen- und Mitverantwortung gestärkt und damit zusätzliche Arbeitsanreize geschaffen.

3   Product Management Board (PMB)

Grundsätzliche Produktentscheidungen, welche z. B. die Absatzmärkte oder das Produktportfolio des Unternehmens betreffen, sind üblicherweise der Geschäftsleitung vorbehalten. Sie legt den Rahmen fest, innerhalb dessen die nachgeordneten Bereiche sich z. B. um die Erschließung neuer Regionen bzw. Entwicklung und Vermarktung neuer Produkte oder Produktvarianten bemühen.

Bindeglied zwischen diesen Bereichen und der Geschäftsleitung ist immer häufiger, insbesondere bei funktional strukturierten Unternehmen, ein Product Management Board (PMB). Es dient der Entlastung der Geschäftsleitung und der Unterstützung des Produktmanagementprozesses durch die Übernahme u. A. folgender Aufgaben:

- Vorbereitung der Produktentscheidungen der Geschäftsleitung,

- Überwachung der produktbezogenen Geschäftsleitungsbeschlüsse,

- im Rahmen dieser Beschlüsse Freigabe von Produktplanung, Entwicklung, Fertigung oder Fremdbezug, Vertrieb, Produktaktualisierung oder Beendigung der Produktvermarktung,

• Abgrenzung unterschiedlicher Produktlinien,

• Festlegung von Prioritäten bei der Verteilung kritischer finanzieller, personeller und anderer Ressourcen.

An der Spitze des PMB steht meist der Vorsitzende der Unternehmensleitung oder sein Marketingkollege. Weitere ständige Mitglieder des Board sind, je nach Unternehmensstruktur, die Leiter der Produktbereiche und/oder der produktbezogenen Funktionsbereiche (Entwicklung, Fertigung, Vertrieb).

Die Treffen des PMB finden im Allgemeinen monatlich statt und dauern meist einen halben Tag. Im ersten Teil des Meetings werden ggf. Ergebnisse neuer Analysen von Technologie-, Markttrends, des Produktportfolios und anderer aktueller Untersuchungen (siehe Kapitel IV, 3) präsentiert und diskutiert. Dann berichten die Produktmanager über den Fortgang ihrer Arbeiten und erläutern, mit Hinweis auf die im ersten Teil gewonnenen Erkenntnisse, die Vorlagen für die vom PMB zu treffenden Entscheidungen.

4 Product Fact Book (PFB)

In der Praxis ist es heutzutage üblich, alle für das Management eines bestimmten Produktes erforderlichen Informationen in einer zentralen Datenbank zu speichern und zu verwalten. Diese Product Database bestand ursprünglich aus einem vom Produktmanager angelegten und geführten Ordner bzw. Notizbuch und wird daher auch in der jetzigen Form häufig noch Product Fact Book (PFB) genannt.

Das PFB enthält – bezüglich eines Produktes oder einer bestimmten Produktgruppe – die für die wichtigen Produktentscheidungen und die Umsetzung der entsprechenden Maßnahmen benötigten Ist-, Soll-, Prognose- und andere Referenzdaten, z. B. über

• Märkte und ihre Segmente,

• Makroökonomische und technologische Trends,

• Wettbewerber, ihre Stärken und Schwächen,

- Leistungsmerkmale und andere Produkteigenschaften,

- Patente und Lizenzen,

- Produktvarianten und ihre Zielmärkte,

- Kenngrößen wie Stückzahlen, Umsätze, Kosten, Preise,

- Reklamationen und Reparaturen,

- Lieferanten und ihr Umfeld,

- Schulungen und Seminare.

Um einen möglichst großen Nutzen dieses Produktmanagementwerkzeugs zu erzielen, sollten alle gespeicherten Produktdaten

- nach *einheitlichen Kriterien* verarbeitet und strukturiert werden,

- möglichst *knapp, übersichtlich* und *in verständlicher Form* dargestellt werden,

- regelmäßig und sehr sorgfältig *aktualisiert* werden und

- nur den autorisierten Personen zugänglich gemacht, d. h. vor unerlaubtem Zugriff *geschützt* werden.

5   KEDMIB-Methode

Die KEDMIB-Methode[10] ist ein Hilfsmittel zur Strukturierung der Zusammenarbeit vieler Personen oder Stellen. Produktmanager nutzen diese Methode, insbesondere bei einer Matrix-Produktorganisation, um für jede Produktaufgabe die Verantwortlichkeiten der beteiligten Organisationseinheiten untereinander abzustimmen und dann festzulegen. Dabei geht es um Zuständigkeiten für Koordination (K), Entscheidung (E), Durchführung (D), Mitbestimmung (M), Information (I) und Beratung (B), und zwar im Sinne der folgenden Erläuterungen:

---

10 Im Englischen nenne ich dieses Hilfsmittel DPANIC Method, gebildet aus den Begriffen *D*ecision, *P*articipation, *A*dvice, *N*otification, *I*mplementation, *C*oordination.

K: *Koordination* aller aufgabenbezogenen Maßnahmen der beteiligten Organisationseinheiten.

E: *Entscheidung* (z. B. Freigabe oder Abbruch einer Produktaufgabe) im Einvernehmen mit den mitbestimmungsberechtigten Organisationseinheiten (M) und nach Anhörung der beratenden Stellen (B).

D: *Durchführung* von Produktaufgaben im Rahmen vereinbarter Pläne, aber in eigener Verantwortung, was den Einsatz von Arbeitsmethoden und Hilfsmitteln anbelangt (siehe Kapitel II, 2.2 und 4).

M: *Mitbestimmung* bei allen Entscheidungen, die die Produktaufgabe betreffen (siehe oben).

I: *Information* über Entscheidungen und Umsetzungsmaßnahmen durch die entsprechenden Stellen (E und D).

B: *Beratung* der für die Produktaufgabe zuständigen Entscheidungsstelle (E).

Zur Vermeidung von Kompetenzüberschneidungen gelten für die Zuordnung der Verantwortlichkeiten folgende KEDMIB-Regeln:

KEDMIB-Regeln

1. Pro Produktaufgabe übernimmt jeweils nur eine Organisationseinheit (bzw. ein Gremium) die Entscheidungsverantwortung.

2. Zuständig für die Durchführung einer Produktaufgabe ist jeweils nur eine Organisationseinheit.

3. Wer Durchführungsverantwortung hat, besitzt Mitbestimmungsrecht bei der entsprechenden Entscheidung.

Die Anwendung dieser Regeln[11] führt dazu, dass in den KEDMIB-Tabellen, die das Ergebnis des Abstimmungsprozesses zusammenfassen,

---

11 In der Marketingliteratur wird von einigen Autoren das sog. „Funktionendiagramm für das Produktmanagement" vorgestellt, das in seiner Anwendung auf bestimmte Zuordnungsregeln leider verzichtet und daher vielfach gegen das praxiserprobte Prinzip der „Unteilbarkeit von Verantwortung" verstößt.

1. jede Zeile nur ein „E" enthält,
2. jede Zeile nur ein „D" enthält und
3. „D" immer in Verbindung mit „M" auftritt.

In Abbildung 10 wird gezeigt, wie in einem funktional strukturierten Unternehmen Verantwortlichkeiten für bestimmte Produktaufgaben den unterschiedlichen Organisationseinheiten zugeordnet werden. In diesem Beispiel liegen alle Entscheidungen beim Product Management Board (siehe Kapitel III, 3). Der Produktmanager hat bei diesen Entscheidungen Mitspracherecht, ist für die Durchführung der Produktplanung verantwortlich und koordiniert, im Rahmen einer Matrix-Produktmanagement-Organisation, die produktbezogenen Arbeiten der funktionalen Bereiche.

Produkt-Aufgaben (allgemein)	Organisationseinheiten					
	Product Mgt. Board (PMB)	Produkt-Manager	Entwicklungs-Abteilung	Fertigungs-Abteilung	Vertriebs-Abteilung	Kaufmänn. Abteilung
Planung	E	M / D	M	M	M	M
Entwicklung	E	K / M	M / D	B	B	I
Fertigung	E	K / M	B	M / D	I	B
Vertrieb	E	K / M	I	B	M / D	B
Aktualisierung	E	K / M	M / D	M	M	I
Outphasing	E	K / M	I	B	M / D	B

Abbildung 10: Zuordnung der Verantwortlichkeiten für allgemeine Produktaufgaben mit Hilfe der KEDMIB-Methode (Beispiel)

Aus dem eigenen Erfahrungsschatz stammt das zweite Beispiel. Dabei handelte es sich – im Zusammenhang mit der Erweiterung des Auslandsgeschäfts durch den Export neuer Produkte – um die Verteilung der Aufgaben und Verantwortlichkeiten an die

• Unternehmensgeschäftsleitung,

• Produktbereichsleitung,

• (Auslands-)Vertriebsniederlassung des Produktbereichs,

• (Auslands-)Regional-/Landesgesellschaft des Unternehmens und den

• Produktmanager.

Nach langen und sehr heftig geführten Diskussionen über Zuständigkeiten bei der Markterschließung und den hiermit verbundenen Aufgaben, wie z. B. Preisgestaltung und Aufbau der Vertriebsorganisation, wurde in diesem konkreten Fall erst durch den Einsatz der KEDMIB-Methode relativ schnell die in Abbildung 11 zusammengefasste Einigung erzielt. Hierzu folgende Kommentare:

- Die *Geschäftsleitung* entscheidet, ob ein neuer Markt für ein bestimmtes Produkt oder eine Produktgruppe erschlossen werden soll. Sie hat darüber hinaus – im Interesse unternehmenseinheitlicher Vorgehensweise und Außendarstellung – Mitspracherecht bei Entscheidungen zur Produkteinführung, Produktwerbung und Vertriebsorganisation. Bezüglich Produktpreise und Personalmaßnahmen stellt die Geschäftsleitung sicher, dass die relevanten Informationen an die entsprechenden Zentralstellen zwecks betriebswirtschaftlicher Erfassung und Kontrolle weitergeleitet werden.

- Bei der oben genannten Grundsatzentscheidung der Geschäftsleitung hat der zuständige *Produktbereich* Mitspracherecht. Schließlich trägt in erster Linie er die Verantwortung für die Durchführung der Markterschließung und für die entsprechenden Konsequenzen in Bezug auf Umsatz und Betriebsergebnis. Infolgedessen liegen alle übrigen Entscheidungen bei der Leitung des Produktbereichs.

- Der *Produktmanager* ist für die Koordination der mit der Erweiterung des Auslandsgeschäfts verbundenen Aufgaben zuständig und hat Mitbestimmungsrecht bei allen Entscheidungen. Er ist dem Leiter des Produktbereichs unterstellt, arbeitet ihm zu und vertritt ihn (bezogen auf die neuen Produkte) im Tagesgeschäft.

- Die für die Umsetzung der beschlossenen Maßnahmen zuständige *Vertriebsniederlassung* hat nach KEDMIB-Regel Nummer 3 bei den Entscheidungen des Produktbereichs Mitspracherecht. Zuvor wird sie aufgrund ihrer Vor-Ort-Kenntnisse bei der Markterschließungsentscheidung konsultiert.

- Die *Regionalgesellschaft* ist in dem hier beschriebenen Beispiel vor allem beratend tätig. Sie stützt sich dabei auf ihre guten Kenntnisse des Marktes und der gebietsspezifischen Regeln und Besonderheiten. Bei Personalentscheidungen hat die Regionalgesellschaft jedoch Mitspracherecht. Auf diese Weise soll sichergestellt werden, dass die Mitarbeiter des Unternehmens innerhalb eines Landes oder einer Region zu einheitlichen Konditionen beschäftigt werden und damit zwischen unterschiedlichen Unternehmensteilen leichter versetzt werden können.

Produkt- Aufgaben (Export)	Organisationseinheiten				
	Geschäfts- Leitung	Produkt- Bereich	Produkt- Manager	Vertriebs- Niederlassung	Regional- Gesellschaft
Markterschließung	E	M / D	K / M	B	B
Produkteinführung	M	E	K / M	M / D	B
Preisgestaltung	I	E	K / M	M / D	B
Produktwerbung	M	E	K / M	M / D	B
Personalmaßnahmen	I	E	K / M	M / D	M
Vertriebsorganisation	M	E	K / M	M / D	B

Abbildung 11: Nach der KEDMIB-Methode zugeordnete Verantwortlichkeiten bei der Erweiterung des Auslandsgeschäfts durch Export neuer Produkte (Beispiel)

6 Projektmanagement

Mit Hilfe des Projektmanagements können die Erfolgschancen bestimmter Vorhaben gesteigert und vor allem ihr Realisierungsaufwand erheblich verringert werden. Für sie gilt folgende Definition:

Ein *Projekt* ist ein Vorhaben mit vereinbarten
- Ergebniszielen (Was?),
- Anfangs- und Endterminen (Wann?),
- finanziellen, technischen und personellen Ressourcen (Womit?).

Es ist gekennzeichnet durch
- Einmaligkeit,
- Neuartigkeit,
- technische und organisatorische Komplexität,
- interdisziplinäre Zusammenarbeit und
- Abgrenzung gegenüber anderen Vorhaben.

Diese Definition und Merkmale treffen auf eine Vielzahl von Produktaufgaben zu, so z. B. die Planung, Entwicklung, Markteinführung oder Absatzförderung von Produkten. Um die Ziele derartiger Aufgaben schneller und kostengünstiger zu erreichen, werden sie daher meist als Projekte durchgeführt.

Die Einteilung eines Projekts in aufeinander folgende, klar definierte und begrenzte *Phasen* ist eines der Erfolgsgeheimnisse des Projektmanagements. Ziele und Aktivitäten jeder Projektphase werden zu Beginn des Projekts genau festgelegt und mit den Phasenergebnissen verglichen. Anhand dieses Vergleichs wird dann entschieden, ob

- die Voraussetzungen für den Start der nächsten Phase und damit für die Fortsetzung des Projekts geschaffen wurden,

- bestimmte Probleme vorher noch gelöst werden müssen oder

- ob das Projekt abgebrochen wird.

Durch dieses schrittweise Vorgehen mit Entscheidungsmeilensteinen am Ende jeder Phase können Fehler früh erkannt und korrigiert und aussichtslose Projekte rechtzeitig abgebrochen werden.

Selbst wenn die Zahl, die Abgrenzungen und die Aufgabeninhalte der Phasen sehr stark vom jeweiligen Projekt abhängen, gilt allgemein folgende Einteilung:

- *Definition*sphase, in der u. A. die Projektziele (Ergebnis-, Termin-, Kostenziele) festgelegt werden,

- *Planung*sphase, in der nach Strukturierung des Projekts die Termin- und Ressourcenpläne für alle Projektaufgaben erstellt und mit den von den Projektzielen abgeleiteten technischen Spezifikationen abgeglichen werden,

- *Durchführung*sphase, in der u. A. versucht wird, Planabweichungen frühzeitig zu erkennen und zu korrigieren,

- *Abschluss*phase, die der Projektbewertung dient – auch zur Gewinnung von Lehren für zukünftige Projekte.

Für alle Phasen, insbesondere für die Projektplanung sowie für die Steuerung und Kontrolle der Durchführung, gibt es ein umfangreiches Angebot von Hilfsmitteln, größtenteils in Verbindung mit spezieller Computersoftware.

Sie unterstützen die folgenden Projektaufgaben:

- *Strukturierung* des Projektes (Aufgaben-/Objektstrukturen mit unterschiedlichen hierarchischen Ebenen),

- Aufstellung von *Aufgabenlisten* (Welche Aufgaben werden von wem, wann, in welcher Reihenfolge und mit welchen Ressourcen durchgeführt?),

- Umwandlung der Aufgabenlisten in *Balken- und Netzpläne,* um die Verknüpfungen der Aufgaben zu visualisieren und die Meilensteine zu kennzeichnen (Sie markieren in den Plänen die besonderen Nahtstellen und Projektereignisse wie z. B. den Start, das Ende und die Reviews des Projektes.),

- Ermittlung des *kritischen Pfads* (Er verbindet die Aufgaben, die insgesamt die Dauer des Projektes bestimmen und daher bezüglich Bearbeitung und Kontrolle die höchste Priorität haben.),

- *Meilenstein-Trendanalyse* (Sie wird in der Durchführungsphase zur Früherkennung von Planabweichungen eingesetzt.),

- *Konfigurations- und Änderungsmanagement* (Überwachung kritischer Parameter und Spezifikationen, Klassifizierung der Änderungswünsche und Ermittlung ihrer Folgen, Herbeiführung von Änderungsentscheidungen, Aktualisierung der Projektdokumentation),

- *Bewertung* alternativer Plankorrekturen mit Hilfe des „Magischen Dreiecks des Projektmanagements" (Suche nach dem für das Projekt und seine Ergebnis-, Kosten- und Terminziele besten Kompromiss).

Einzelheiten dieser und anderer Hilfsmittel des Projektmanagements werden in der entsprechenden Fachliteratur beschrieben.

IV   Produktplanung

Was beinhaltet die Produktplanung und wie stellt man sicher, dass sie erfolgreich ist? Diese Fragen sollen in diesem zentralen Kapitel, auch an Hand von Praxisbeispielen, in der gebotenen Ausführlichkeit beantwortet werden.

Die *Produktplanung* (im engeren Sinne) umfasst die Suche, Bewertung und Auswahl von Erfolg versprechenden Produktideen, die Definition des neuen Produktes sowie (im weiteren Sinne) die vorbereitenden Maßnahmen.

Zu diesen vorbereitenden Maßnahmen gehören, wie in den folgenden Abschnitten erläutert,

• die Untersuchung der *Planungseinflüsse,*

• die Identifizierung der/des *Planungsauslöser/s,*

• die Durchführung von *Produktanalysen* und

• die Entwicklung entsprechender *Produktstrategien.*

Die Umsetzung dieser Maßnahmen sowie die anschließende Ideenfindung und Produktdefinition sind Aufgaben, die üblicherweise von relativ wenigen Personen (fünf bis fünfzehn) innerhalb von einigen Wochen (fünf bis zwanzig) „auf dem Papier" erledigt werden. Demgegenüber ist der Aufwand für die nachfolgende Entwicklung eines Produktes in den meisten

Fällen mindestens zehnmal so groß. Ausschlaggebend jedoch ist, dass die Produktplanung, bezogen auf den Mitteleinsatz, den größten Wirkungsgrad aller Produktaufgaben hat. Sie steht am Beginn der Produktentstehungsphase und entscheidet maßgeblich über die Höhe der Produktkosten in den darauf folgenden Phasen und damit über den Erfolg des Produktes.

Umso unverständlicher ist es, dass es immer noch Unternehmen gibt, die für die Planung ihrer neuen Produkte zu geringe Ressourcen und zu wenig Zeit bereitstellen und sogar in einigen Fällen direkt mit der Entwicklung beginnen – nämlich mit dem Hinweis, man wüsste, was der Kunde will, und könne sich die Planung sparen. Wie sehr diese Vorgehensweise zu aufwendigen und Image schädigenden Korrekturmaßnahmen und einem hohen Anteil von erfolglosen Neuprodukten führt, wird in Kapitel VII erörtert.

Für den Produktmanager ist die Planung eines neuen Produktes mit großen Herausforderungen verbunden. Schließlich ist sie, unabhängig von der gewählten Organisationsform (siehe Kapitel II, 2), seine erste Aufgabe, die er – zusammen mit einem Team von kreativen Mitarbeitern des Unternehmens – gestalten, bearbeiten und lösen muss, und ist damit auch seine erste Bewährungsrobe. Wichtig ist daher, dass er nicht erst bei der Ideefindung aktiv wird, sondern – zum besseren Verständnis des Planungsumfelds und -hintergrunds – schon an den, oben genannten und im Folgenden beschriebenen, vorbereitenden Arbeiten beteiligt wird bzw. diese koordiniert.

1   Planungseinflüsse

Die Produktplanung ist keine geschlossene Veranstaltung einer Gruppe von kreativen Köpfen, sondern steht unter dem Einfluss unternehmensinterner und -externer Faktoren.

Zu den unternehmens*internen* Faktoren gehören:

- die Stärke der *Kundenorientierung* des Unternehmens, seines Managements und der übrigen Mitarbeiter sowie der Geschäftsprozesse,

- die Form der *Organisationsstruktur* des Unternehmen (z. B. funktional oder nach eigenverantwortlichen Produktbereichen strukturiert),

- die Art der Eingliederung sowie Erfolge/Misserfolge und Akzeptanz des *Produktmanagements* im Unternehmen,

- Ausprägung, Verteilung und Erfahrung des *Kreativ-Personals*, z. B. in der Entwicklung und im Marketing,

- der Umgang mit *Know-how* und dessen Pflege, z. B. durch ein im Unternehmen etabliertes und systematisch genutztes Wissensmanagementsystem,

- die *Finanzkraft* des Unternehmens, insbesondere die absolute und relative Größe des für Forschung und Entwicklung vorgesehenen Budgets,

- die *Unternehmenskultur,* insbesondere bezüglich Führungsstil, Kooperationsbereitschaft, Innovations- und Experimentierfreude.

Unternehmens*externe* Einflussfaktoren sind:

- die *Märkte,* ihre Entstehungsgeschichten, aktuellen Gliederungen und ihre Entwicklungstendenzen,

- die *Kunden,* ihre Basis, die Bindung zum Unternehmen sowie die Ausprägung und Entwicklung ihrer Bedürfnisse,

- der *Wettbewerb,* dessen Stärke und Strukturierung, dessen Verhalten im Markt und gegenüber dem Unternehmen,

- die *Lieferanten,* ihre Innovationskraft, Zuverlässigkeit und Bereitschaft zur Zusammenarbeit bei gemeinsamen Entwicklungsprojekten,

- die *Technologien,* insbesondere ihr Entwicklungsstand und die Möglichkeiten ihrer Nutzung,

- die Kraft und das Potenzial der *Wirtschaft,* national und in anderen für die Produktplanung relevanten Gebieten (z. B. EU, USA, Asien),

- die *Politik,* ihre Kompetenz, Stabilität und Verlässlichkeit sowie ihre Bereitschaft, die Wirtschaft zu fördern, z. B. durch Abbau von Bürokratie,

- lokale, regionale, internationale *Gesetze* und *Regelungen,* z. B. die EU-Richtlinie bezüglich der Verwendung gefährlicher Stoffe in Elektrogeräten (siehe Kapitel V, 3.3),

- die *Betriebsräte*, ihr Verhältnis zum Unternehmen und zu Gewerkschaften.

Diese und möglicherweise andere unternehmensinterne und -externe Faktoren zu erkennen und die Art sowie den Grad ihrer Einflussnahme zu untersuchen, zu bewerten und kritisch zu beobachten ist eine der wichtigsten Aufgaben des gesamten Planungsprozesses, vor allem jedoch während der Planungsvorbereitungen.

2 Planungsauslöser

Auslöser der Planung eines neuen Produktes ist/sind ein oder mehrere Problem/e, eine oder mehrere Opportunität/en oder eine Kombination aus Problem/en und Opportunität/en.

Typische *Probleme* sind in diesem Zusammenhang:

- Reklamationen oder neue Anforderungen der *Kunden*, z. B. bezüglich Leistungsmerkmale, Qualität und Preise,

- Veränderungen im *Wettbewerb*, z. B. durch neue Konkurrenten, Produkte und/oder Vertriebskonditionen,

- *Umsatz-/Gewinn*rückgang, z. B. wegen sinkender Produktverkaufszahlen, höherer Personal-, Material- und/oder Energiekosten,

- Veränderungen bei den *Lieferanten*, z. B. durch Konkurs und/oder neue Lieferkonditionen,

- politische und/oder wirtschaftliche *Krisen*, z. B. durch Regierungswechsel, Börsenkrach, Naturkatastrophen.

Opportunitäten ergeben sich vor allem durch

- neue *Technologien* (siehe Kapitel IV, 3.4),

- eigene oder fremde (nutzbare) *Patente*,

- neue *Märkte* oder veränderte Marktbedingungen, z. B. durch neue

52

Regelungen, Aufhebung von Zugangssperren oder gesellschaftlichen Wandel,

- *Synergien,* die sich z. B. im Rahmen von Kooperationen oder durch Firmenübernahmen/-beteiligungen ergeben,

- vorübergehend ungenutzte *Entwicklungs-* und/oder *Fertigungskapazitäten,*

- *Pionierprodukte,* die z. B. im Rahmen staatlich finanzierter Raumfahrtprojekte entwickelt wurden und für Spin-offs genutzt werden können.

Zu den Spin-offs ist anzumerken, dass in den letzten dreißig Jahren insgesamt etwa 2.000 derartiger Technologietransfers von den Raumfahrtagenturen der USA (NASA) und/oder Europas (ESA) durchgeführt wurden. Einige typische Beispiele (die Teflon-Bratpfanne ist übrigens kein Spin-off der Raumfahrt) zeigt die Tabelle von Abbildung 12.

Produkte / Werkstoffe	Einsatz in der Raumfahrt	Spin-offs, terrestrischer Einsatz
Klettverschluss	Raumfahrtanzüge	Kleidung, leicht lösbare Verbindungen
Akku-Bohrer	Geräteaufbau / Reparatur auf dem Mond, in/an Raumfahrtstationen	allgemeines Werkzeug
Gasdetektoren	Leck-Kontrolle von Treibstofftanks	„elektronische Nase": Aromen, Parfums, Gefahrenmelder
Pyrotechnische Zünder	Entfaltung von Sonnensegeln, Antennen	Auslösung von Airbags und Gurtstrammern
Kohlefasern, Keramiken, met. Legierungen	mech. Strukturen von Raketen, Satelliten, Raumfahrtstationen	mech. Strukturen (leicht, resistent) von Fahr- und Flugzeugen
Wasseraufbereitungsanlagen	bemannte Raumfahrt	allgemeine Trinkwasseraufbereitung

Abbildung 12: Beispiele für die Nutzung von Opportunitäten: Technologietransfers aus der Raumfahrt (Spin-offs)

Häufig wird die Planung eines neuen Produktes durch eine *Kombination* aus Problem und Opportunität ausgelöst, z. B. indem man zur Erfüllung neuer Kundenwünsche (Problem) nicht nur zusätzliche Leistungsmerkmale anbietet, sondern gleichzeitig eine neue Technologie (Opportunität) nutzt bzw. diese neue Technologie zur Erweiterung des Leistungsspektrums einsetzt. Gute Beispiele hierfür findet man bei Produkten der Telekommunikations- oder Fotoindustrie. Hier konnte erst durch den Wechsel von der Analog- zur Digitaltechnik und damit auch durch den Einsatz neuer Speichertechnologie und Prozessoren der Produktnutzen drastisch erhöht werden. Ein anderes Beispiel liefert der Einsatz neuer Akku-Technologie bei Mobiltelefonen oder Elektrowerkzeugen, um die Kundenwünsche nach Verlängerung von Betriebs- und Lebensdauer bei gleichzeitiger Reduzierung von Größe und Gewicht zu erfüllen.

3 Produktanalysen/-strategien

Für die Suche nach neuen Produktideen genügt es nicht, die für die Produktplanung relevanten Einflüsse und deren Auslöser zu identifizieren und zu untersuchen, sondern man muss auch ihren Bezug zum eigenen Produktprogramm möglichst genau kennen. Dessen Positionierung im Markt, die Stärken und Schwächen im Vergleich zur Konkurrenz, die Umsatz- und Gewinnstrukturen und das Verhältnis zu den unterschiedlichen Technologien sind dabei von besonderem Interesse. Es gibt eine Vielzahl von Methoden zur Analyse dieser Programmeigenschaften und der Erarbeitung entsprechender Produktstrategien. Die gebräuchlichsten Methoden werden im Folgenden vorgestellt.

3.1 Produktportfolio

Ausgehend von der Methode zur Optimierung von Kapitalanlagen (Markowitz, 1952) entwickelte die Boston Consulting Group (BCG) Anfang der 1970er Jahre das „BCG-Portfolio" für die

„Bewertung strategisch relevanter Geschäftseinheiten auf Basis zukünftiger Gewinnchancen (Marktwachstum) und der gegenwärtigen Wettbewerbsposition (relativer Marktanteil)".

Dieses Unternehmensportfolio wurde dann heruntergebrochen bis zu einzelnen Produkten mit ihren Anteilen am Umsatz und Gewinn des Unternehmens sowie mit ihren Zuwachsraten und anderen Produktkennziffern.

54

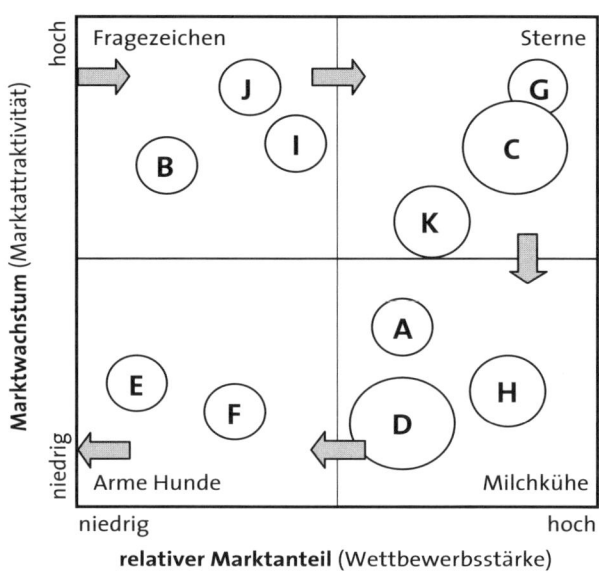

Abbildung 13: Typisches Produkt-(Markt-)Portfolio eines Unternehmens

Wie in Abbildung 13 gezeigt, wird jedes Produkt (A bis J) entsprechend dem Wachstum seines Marktes und seinem relativen Marktanteil (bezogen auf den stärksten Wettbewerber) in einer Vier-Felder-Matrix[12] positioniert. Durch die Größe des Kreises wird das jeweilige Umsatzvolumen oder z. B. der Produktbeitrag zum Gewinn des Unternehmens dargestellt. Die grauen Pfeile markieren den im Regelfall geltenden Produktlebensweg, von der Einführung über das Wachstum und die Reife bis zum Rückgang (siehe Kapitel I, 2.4). Die Namen der Quadranten beziehen sich, wie im Folgenden erklärt, auf die von der Portfolioanalyse abgeleiteten *Normstrategien*.

- *Fragezeichen* (Question Marks): Diese Produkte befinden sich in einem stark wachsenden Markt, von dem sie jedoch nur einen geringen Anteil besitzen. Bei ihnen stellt sich die Frage – daher ihr Name –,

---

12 Ansätze, die Zahl der Felder durch weitere Unterteilungen, auch mit zusätzlichen Kriterien, auf neun (McKinsey) oder sogar zwanzig zu erhöhen, haben sich nur in Ausnahmefällen durchsetzen können. Denn häufig geht dabei ein Teil der Transparenz und Aussagekraft der Methode sowie seiner Einfachheit in der Handhabung verloren.

- ob es sich um (z. B. erst vor kurzem in den Markt eingeführte) Produkte handelt, deren Marktanteil durch entsprechenden Ressourceneinsatz so gesteigert werden kann, dass aus ihnen „Stars" werden, oder
- ob es Produkte sind, bei denen sich zusätzliche Investitionen nicht mehr lohnen und die daher aus dem Markt genommen werden sollten.

- *Sterne* (Stars): So werden Produkte bezeichnet, die in einem stark wachsenden Markt einen hohen Marktanteil besitzen. Um diesen noch zu erhöhen oder zumindest zu halten und um die Produkte für ihr zukünftiges „Cash-Cow"-Leben fit zu machen, muss das Unternehmen weiterhin investieren. In der Regel werden die Mittel hierfür von diesen Produkten selbst erwirtschaftet.

- *Milchkühe* (Cash Cows): Dies sind sehr profitable Produkte in der Reife ihres Lebens mit einem hohen Anteil an einem nicht mehr oder nur gering wachsenden Markt. Sie benötigen kaum noch Investitionen, ihre Stückkosten sind relativ niedrig und sie werden zur Finanzierung der Entwicklung neuer Produkte „gemolken", d. h. ihre Gewinne werden größtenteils dafür genutzt, die Zukunft des Unternehmens zu sichern.

- *Arme Hunde* (Poor Dogs): Da sie sich mit geringen Anteilen in kaum noch wachsenden Märkten befinden, nur unterdurchschnittliche Gewinne oder sogar Verluste erwirtschaften, sind es „arme Hunde", um die man sich kümmern muss. Wenn sie z. B. fester Bestandteil einer erfolgreichen Produktgruppe sind oder Platzhalter für andere noch aufstrebende Produkte, wird man sie möglicherweise aus diesen übergeordneten strategischen Gründen im Produktportfolio, zumindest vorläufig, halten. Jedoch trennt man sich in der Regel möglichst schnell von diesen Auslaufprodukten. Damit werden auch Ressourcen frei, die dann an anderer Stelle im Unternehmen effizienter eingesetzt werden können, z. B. für die Planung und Entwicklung neuer Produkte.

3.2 Produktstärken/-schwächen

Die Portfolioanalyse wird inzwischen von fast allen Unternehmen als bevorzugtes Hilfsmittel bei Investitionsentscheidungen, insbesondere als Teil der (erweiterten) Produktplanung, eingesetzt. Als Ergänzung hierzu dienen Stärken-Schwächen-Analysen des eigenen Unternehmens und seines Produktprogramms im Vergleich zum Wettbewerb oder speziell zum größten Konkurrenten (Benchmarking). Die Untersuchungsergebnisse werden in einer Tabelle zusammengefasst und/oder grafisch dargestellt, z. B. als Kurven in einem kartesischen bzw. Polar- Koordinatensystem oder, wie in Abbildung 15 gezeigt, als Profile in einem Bewertungsraster.

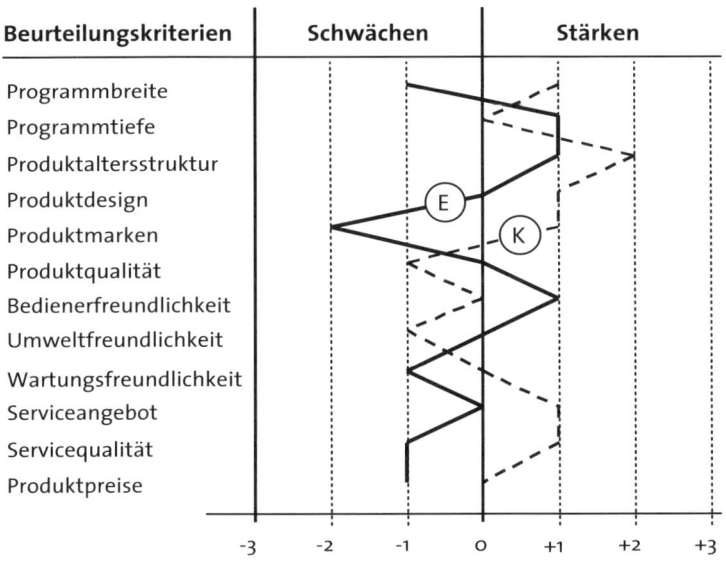

Abbildung 14: Stärken-Schwächen-Profile (Auszüge): Produktprogramm des eigenen Unternehmens (E) und das des stärksten Konkurrenten (K)

Als Ergebnis dieser Analyse – eventuell in Verbindung mit dem anderer Recherchen – wird man versuchen, durch gezielte Maßnahmen die Schwächen zu beheben und/oder die Stärken weiter auszubauen, oder man wird sich für eine andere produktpolitische Möglichkeit (siehe Kapitel I, 2.6) entscheiden, z. B. für die *Produktablösung.*

3.3   Produktumsätze/-gewinne

Zur Bewertung eines Produktprogramms gehören auch die Ermittlungen der jeweiligen Anteile, die dessen Produkte bzw. Produktgruppen/-linien am Gesamtumsatz (Umsatz-Strukturanalyse) oder am Gesamtgewinn

(Gewinn-Strukturanalyse) des Unternehmens haben. Eine Kombination dieser beiden Untersuchungen liefert die *Umsatz-Gewinn-Strukturanalyse.*

Wie in Abbildung 15 gezeigt, lassen sich die Ergebnisse einer derartigen Analyse in einem Umsatz-Gewinn-Koordinatensystem sehr anschaulich darstellen. Man sieht, dass die Produkte A bis D einen positiven Beitrag zum Unternehmensgewinn leisten (nach oben gerichtete Pfeile), im Gegensatz zu den Produkten E und F (nach unten gerichtete Pfeile). Diese Verlustbringer wird man normalerweise aus dem Produktprogramm entfernen und eventuell durch neue Produkte ersetzen, es sei denn,

* es handelt sich um Produkte, die Bestandteil eines *Verbund- oder Systemangebots* sind, das insgesamt sehr profitabel ist (z. B. Mobiltelefone im Verbund mit Nutzungsverträgen),

* diese Produkte befinden sich noch in der *Einführungsphase* und haben daher ihr Marktpotenzial noch nicht ausgeschöpft, oder

* sie befinden sich in einem Markt, der mit Rücksicht auf andere profitable Märkte aus übergeordneten unternehmens*strategischen Gründen* bedient werden muss (z. B. im Rahmen von Kundenforderungen nach globaler Präsenz).

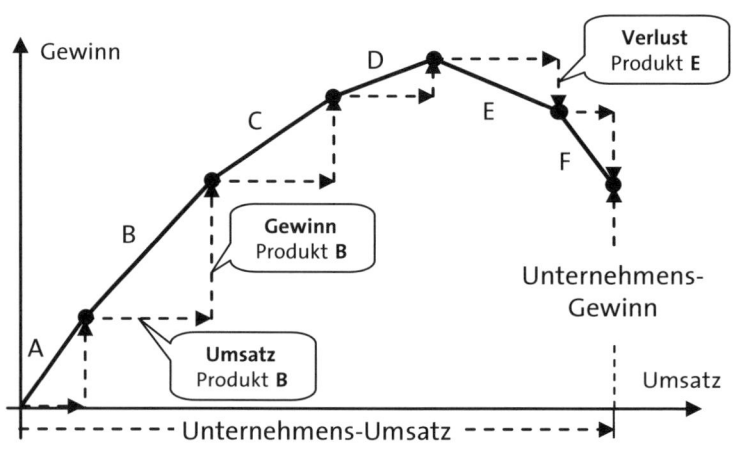

Abbildung 15: Ergebnisse der Gewinn-Umsatz-Strukturanalyse eines Produktprogramms, bestehend aus den Produkten A bis F (schematische Darstellung)

3.4 Produkttechnologien

Das Einsatzspektrum des Begriffs Technologie[13] ist außerordentlich breit. Es reicht von „Verfahren" über „System" bis zu „Werkzeug". Darüber hinaus reduziert man vielfach die Bedeutung von „Technologie" auf „Technik", im Sinne von „Fähigkeit" und „Kunstfertigkeit". Daher zu Beginn dieses Abschnitts folgende Begriffsdefinition:

> Unter *Produkttechnologien* versteht man die wissenschaftlichen und technischen Erkenntnisse, die zur Herstellung eines Produktes genutzt werden und Grundlage seiner Eigenschaften und Funktionsweisen sind.

Bezogen auf Produkttechnologien werden in den folgenden Abschnitten vier Themen behandelt, die für die Planung neuer Produkte von besonderem Interesse sind:

- Schrittmacher-, Schlüssel-, Basis-, Reife Technologien,

- Spitzen-, Hoch-, Niedrig-Technologien,

- Erhaltende und Störende Technologien,

- Technologie-Portfolio.

Schrittmacher-, Schlüssel-, Basis-, Reife Technologien

Das Leben einer Produkttechnologie durchläuft, entsprechend dem jeweiligen Reifegrad und Entwicklungsaufwand, unterschiedliche Stadien (siehe Abbildung 16) – vergleichbar mit den Lebensabschnitten von Produkten.

- Eine neue Technologie entsteht nur selten spontan. Sie hat meist eine lange Vorgeschichte, geprägt durch intensive Grundlagen- und angewandte Forschung sowie viele unterschiedliche Tests. Die daraus resultierende Technologie ist zunächst eine *Schrittmacher-Technologie*. Das Wettbewerbspotenzial ist in dieser frühen Phase am höchsten, selbst

---

13 „Technologie": aus *gr.* technologia „Wissenschaft der (urspr. handwerklichen) Herstellung, Technik (Fähigkeit, Kunstfertigkeit)".

wenn es vorläufig nur erahnt werden kann. Um diesbezüglich mehr Sicherheit zu erlangen und den erhofften technologischen Vorsprung auszubauen und möglichst früh im Markt zu nutzen, ist zu diesem Zeitpunkt der Entwicklungsaufwand am größten.

- In dem darauf folgenden Lebensabschnitt wandelt sich die Technologie zu einer *Schlüssel-Technologie*. Das noch sehr hohe Wettbewerbspotenzial wird weitgehend erkannt, inzwischen auch von den Kunden. Die Entwicklungsanstrengungen konzentrieren sich daher auf die Erweiterung des Produktleistungsspektrums und der Produkteinsatzmöglichkeiten, können aber dann infolge der technologischen Neuausrichtung gegenüber dem sehr arbeitsintensiven Beginn etwas reduziert werden.

- Mit zunehmendem Grad der Reife und Bekanntheit findet die Technologie immer größere Verbreitung unter den neuen Produkten, mutiert also zur *Basis-Technologie*. Ihr Wettbewerbspotenzial ist geschrumpft und damit auch der Entwicklungsaufwand. Er dient in diesem Zeitabschnitt vorwiegend der Umsetzung von Verbesserungsvorschlägen und der Erfüllung von Wünschen einzelner Kunden.

- Am Ende erhält man eine *Reife Technologie,* deren Möglichkeiten voll ausgeschöpft sind und die mit minimalem Entwicklungsaufwand gepflegt werden kann. In den meisten Fällen wurde die alte Technologie

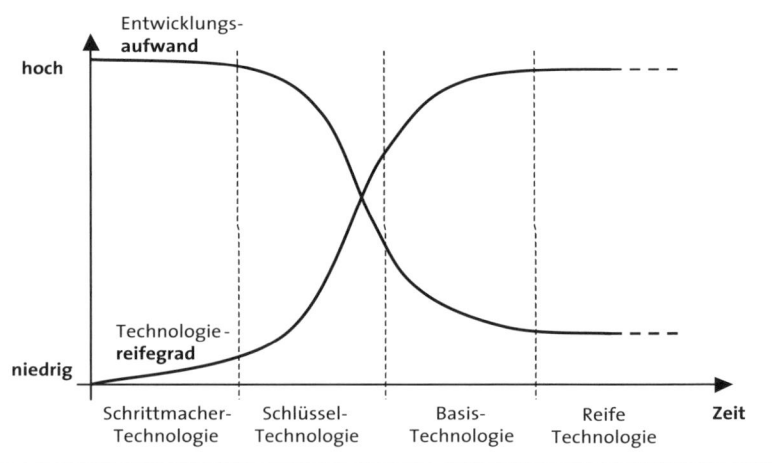

Abbildung 16: Lebensabschnitte von Technologien

inzwischen von einer Nachfolgetechnologie abgelöst, die sich dann erst im frühen Stadium des Schrittmachers befindet.

Hier einige Beispiele:

Die *Molekularelektronik* ist eine typische *Schrittmacher*-Technologie. Bei ihr geht es um die Nutzung organischer Materialien zur Herstellung von Schaltungen und Vernetzungen auf molekularer Ebene. Die ersten Forschungs- und Entwicklungsergebnisse sind ermutigend, lassen aber das Potenzial dieser Technologie zurzeit nur erahnen. Es werden daher enorme Anstrengungen unternommen, hier zu genaueren Zukunftsaussagen zu kommen.

Ähnliches gilt für die *Nanotechnologie*[14], auch „Ingenieurwissenschaft auf atomarer und molekularer Ebene" genannt. Die bisher erzielten Erfolge dieser Technologie, z. B. bei der Herstellung selbstreinigender Oberflächen (Lotuseffekt) oder neuer Werkstoffe für Zahnfüllungen, sind zwar beachtlich, doch ihr Einsatzpotenzial, insbesondere in Verbindung mit anderen Technologien (z. B. der Chemie, Medizin, Halbleiter- und Opto-Elektronik), ist zum jetzigen Zeitpunkt wahrscheinlich nur zu einem sehr kleinen Teil ausgeschöpft. In der ganzen Welt wird daher intensiv auf allen Gebieten der Nanotechnologie geforscht und entwickelt.

Die *Lasertechnologie*[15] ist inzwischen eine der wichtigsten *Schlüssel*-Technologien. Ob auf dem Gebiet der Metallbearbeitung (z. B. zum Trennen, Schweißen, Abtragen oder Bohren), der Medizin (z. B. in der Augenheilkunde, Chirurgie, Dermatologie, Zahnmedizin), der Messtechnik (z. B. im Bauwesen, in der Verkehrsüberwachung oder zum Lesen von Barcodes) oder der Informations- und Kommunikationstechnik (z. B. zur Speicherung, Übertragung oder zum Drucken von Daten), die Zahl der Produkte, die sich die Lasertechnologie zu Nutze machen, ist groß und wächst kontinuierlich. Der Entwicklungsaufwand ist entsprechend hoch. Das gilt inzwischen auch für den wirtschaftlichen Erfolg dieser Technologie.

Auch die *Flüssigkristalltechnologie* gehört zu den Schlüssel-Technologien. Sie wird schon seit vielen Jahren, u. A. wegen ihres geringen Energiebedarfs, für die Anzeige bei Uhren, Taschenrechnern, Mobiltelefonen und

---

14 Nano: aus *gr.* nanos „Zwerg".
15 Laser: aus *engl.* Light Amplification by Stimulated Emission of Radiation „Lichtverstärkung durch angeregte Strahlenaussendung".

anderen tragbaren Geräten genutzt. Inzwischen ist es gelungen, diese Technologie für die größeren, meist stationären Bildschirme von Computern und Fernsehern einzusetzen. Die Vorteile eines sog. LCD[16] sind gegenüber einem Bildschirm mit Kathodenstrahlröhre nicht nur sein geringer Stromverbrauch, sondern seine Strahlungsfreiheit, sein scharfes, flimmer- und verzerrungsfreies Bild, sein geringes Gewicht und vor allem seine geringe (Einbau-)Tiefe, daher auch Flachbildschirm genannt. Da die Herstellkosten und damit die Preise der LCDs inzwischen stark reduziert werden konnten, verdrängen sie immer mehr ihre klobigen Vorgänger.

Eine typische *Basis*-Technologie ist die der *Leiterplatte*. Sie ist der am häufigsten in elektronischen Geräten verwendete Verdrahtungs- und Baugruppenträger. Im Laufe ihrer über hundertjährigen Geschichte wurde die Leiterplatte bezüglich Aufbau und Funktionsweise den Fortschritten und Anforderungen der Mikroelektronik ständig angepasst. Doch die Entwicklungs- und Einsatzmöglichkeiten dieser Technologie schrumpfen mit zunehmendem Trend zu Ein-Chip- und Softwarelösungen. Gefertigt werden jetzt die Leiterplatten aus Kostengründen größtenteils in Polen, Tschechien, Ungarn und China.

Auch die Technologie von *Tastaturen* zählt heute zu den Basis-Technologien. Noch vor dreißig Jahren wurden bei den ersten Computern die Daten durch die Betätigung von Kippschaltern eingegeben, und die Telefone hatten für den Aufbau einer Verbindung Wählscheiben. Dann gab es hierfür zunächst Gruppen von elektromechanischen Einzeltasten, bevor Kontaktplatten und Kunststofffolien mit Kontaktelementen für integrierte Tastaturen verwendet wurden. Ihre Komponenten und ihr Systemaufbau wurden in den letzten Jahren grundsätzlich verbessert. Inzwischen konzentriert und reduziert sich der Entwicklungsaufwand auf die Anforderungen besonderer, vorwiegend industrieller Anwendungen und spezieller Kundengruppen.

Reife Technologien verfügen nicht mehr über nennenswerte Entwicklungspotenziale und können meistens auf ein langes Leben mit einer Vielzahl von Änderungen, Erprobungen und unterschiedlichen Einsätzen zurückblicken. Diese Technologien verwendet man daher vorzugsweise für Produkte mit hohen Zuverlässigkeitsanforderungen, vor allem, wenn es die Sicherheit von Menschen betrifft, also z. B. in der Kraftfahrzeug-, Bahn- und Flugzeugtechnik oder in der bemannten Raumfahrt. Ob es hier um die

---

16 LCD: aus engl. Liquid Crystal Display „Flüssigkristallbildschirm".

Struktur der Passagierzelle oder die Antriebs-, Kontroll-, Steuerungs-, Lenkungs- und Bremssysteme geht, es sind meist reife, erprobte und daher höchst zuverlässige Technologien und Produkte, die hier zum Einsatz kommen. Dies gilt auch – mit etwas gemilderten Anforderungen – für Systeme, deren Einsatzort, z. B. zwecks Reparatur, schwer zugänglich ist. Hierzu gehören unbemannte Mess-, Sende- und Empfangsstationen (z. B. im polaren Eis, unter Wasser, auf dem Mond oder auf anderen Himmelskörpern) und Satelliten (z. B. zur Wettervorhersage, Datenübertragung, Navigation oder für wissenschaftliche Zwecke).

Im Hinblick auf die Planung neuer Produkte liefern die Identifizierung der einem Produktprogramm zu Grunde liegenden Technologien sowie die Ermittlung ihrer jeweiligen Reife und ihres entsprechenden Entwicklungsaufwands wichtige Erkenntnisse, insbesondere über die Schwerpunkte des im Unternehmen vorhandenen Know-how für Forschung und Entwicklung (F&E).

Spitzen-, Hoch-, Niedrig-Technologien

Ergänzende Erkenntnisse gewinnt man aus der Bewertung der Produkte nach ihrem Verhältnis von F&E-Aufwand zum entsprechenden Umsatz.

- Produkte, bei denen diese Relation mehr als 8,5 Prozent beträgt, sind nach den Festlegungen durch das Deutsche Institut für Wirtschaftsforschung (DIW) Produkte der *Spitzentechnologie* (Top-Tech), z. B. Medikamente, Software, Flugzeuge und Raumfahrtsysteme.

- Beträgt der F&E-Aufwand 3,5 bis 8,5 Prozent des Umsatzes, handelt es sich um *Hochtechnologie*-(High-Tech-)Produkte, z. B. Autos, Maschinen, Elektrogeräte und Chemieprodukte.

- Bei Produkten der *Niedrigtechnologie* (Low-Tech) liegt der F&E-Anteil unterhalb von 3,5 Prozent.

Sortiert man die Produkte eines Produktprogramms nach diesen Kriterien, lassen sich auch für die Planung neuer Produkte wichtige Aussagen, z. B. über den Umsatz- oder Gewinnanteil der Top-, High- bzw. Low-Tech-Produkte und damit weitgehend auch über die Innovationskraft des Unternehmens, machen – absolut oder relativ zum Wettbewerb.

Schließlich sollte man sich bei der Planung eines neuen Produktes überlegen, ob es besser ist, „erhaltende" oder „störende" Technologien einzusetzen. Diese Unterscheidung hat erstmals der Harvard-Professor Clayton M. Christensen gemacht und 1997 in seinem inzwischen zum Bestseller avancierten Buch „The Innovator's Dilemma" beschrieben. Die wesentlichen Merkmale dieser unterschiedlichen Technologien lassen sich wie folgt beschreiben:

Erhaltende (sustaining) Technologien

• gehen aus von den Technologien eines *bestehenden* Produktes,

• dienen der *schrittweisen* Verbesserung seiner Leistungen

• entsprechend den neuen Anforderungen der *alten* Kunden

• in einem *gegenwärtigen* Markt.

Störende (disruptive) Technologien

• sind Basis eines „revolutionierend" *neuen* Produktes,

• mit *neuen* Leistungsmerkmalen

• für *neue* Kunden

• in einem *neuen* Markt.

Der Einsatz erhaltender Technologien führt also eher zur Entwicklung einer neuen Produkt*variante,* während die störenden Technologien ein vollkommen neues Produkt hervorbringen. Dieses ist meist einfacher in seiner Funktionsweise, häufig auch billiger, aber jedenfalls nicht das, was der Kunde erwartet, und anders als das, was ihm bisher von seinen Lieferanten angeboten wurde. Störende Technologien heißen so, weil sie bestehende Marktstrukturen stören, u. U. sogar zerstören, um einen neuen Markt mit größtenteils neuen Kunden und neuen Beziehungen zwischen den Marktteilnehmern zu schaffen.

Für diese Vorgehensweise sind meist weder die Kultur des Unternehmens noch seine etablierten Betriebsabläufe geeignet. Denn gefordert werden hier große Risikobereitschaft, Flexibilität sowie die Fähigkeit, auf unvorhergesehene Marktentwicklungen schnell zu reagieren. Es wundert daher nicht, dass vor allem kleine und junge Unternehmen mit störenden Technologien erfolgreich sind.

Der Erfolg führt häufig zur Ablösung alter Technologien bzw. Produkte, weshalb störende Technologien auch „ablösende" genannt werden. Hierzu gibt Christensen einige Beispiele, die er in seinem oben genannten Buch ausführlich beschreibt, z. B. die Ablösung großer durch kleinere Festplattenlaufwerke, die Ablösung großer zentraler Rechensysteme durch Minicomputer sowie ihre fortschreitende Ablösung durch Personalcomputer oder bei den Baggern die Verdrängung der Stahlkabel durch Hydraulik. Andere Beispiele sind der Wechsel von der analogen zur digitalen Telekommunikationstechnik oder bei den Faxgeräten die Ablösung des Thermopapiers durch Normalpapier.

Dass bei dieser Art von Produktablösung gelegentlich auch (meist große) Firmen, die die Zeichen der Zeit nicht erkannten oder zu spät reagierten, in Schwierigkeiten gerieten oder sogar vom Markt verdrängt wurden, zeigen Beispiele wie

- der Absturz der ehemaligen Vorzeigefirma Digital Equipment Corporation (DEC), die in den späten 1980er Jahren der zweitgrößte Computerhersteller der Welt war, damals über 100.000 Mitarbeiter beschäftigte, sich dann mit der Herstellung von Software und Computernetzwerken verzettelte, die Zeit der offenen Systeme und Personalcomputer verschlief, dann von Compaq übernommen wurde, die sich ihrerseits schließlich dann mit Hewlett-Packard (HP) „verband", oder

- die dramatische Entwicklung der Firma Xerox, dessen 1970 gegründetes Palo Alto Research Center (PARC) das Ethernet und die erste computergestützte Videobearbeitung erfunden hat, das Konzept des Laptops, erste Computerspiele und die erste grafische Benutzeroberfläche entwickelt hat, dessen Management die Vermarktung dieser damals störenden Technologien anderen Firmen (Apple, Microsoft, Adobe, 3Com, Silicon Grafics etc.) überließ und stattdessen versuchte, sein Fotokopierer-Quasi-Monopol zu verteidigen – bekanntlich erfolglos.

In Anlehnung an das in Kapitel IV erläuterte Produktportfolio, das die Positionierung von Produkten bezüglich der Wettbewerbsstärke des Unternehmens und der Attraktivität des Marktes darstellt, kann man auch Technologien nach unterschiedlichen Kriterien bewerten und das Ergebnis zur besseren Übersicht in einer Portfolio-Matrix präsentieren. Die meisten dieser Portfolios gehen auf Pfeiffer et al. (1987) zurück. Dabei wird die Attraktivität von Technologien in Relation zur Stärke der Unternehmensressourcen bewertet. Aus dem Ergebnis dieser Untersuchung werden dann Normstrategien für Investitionsentscheidungen abgeleitet.

Unter *Technologieattraktivität* versteht man das Vermarktungspotenzial einer Technologie und der von ihr bestimmten Produkte.

Dieses Potenzial wird durch verschiedene Faktoren bestimmt, so z. B. durch:

• das *Interesse,* das die Kunden grundsätzlich für neue Technologien haben und bei der Einführung ähnlicher Technologien schon unter Beweis gestellt haben,

• die *Leistungsfähigkeit* und der damit verbundene wirtschaftliche Nutzen der Technologie,

• die Breite und die Ausbaufähigkeit des *Anwendungsspektrums,*

• die *Verträglichkeit* mit den im Markt bereits eingeführten Technologien,

• die Zahl und das Marktverhalten der *Konkurrenten,*

• die Marktattraktivität der *Wettbewerbstechnologien* und entsprechender Produkte.

Die *Ressourcenstärke* eines Unternehmens drückt sich vor allem in seiner Fähigkeit aus, Technologien und die von ihnen bestimmten Produkte zu entwickeln und zu vermarkten.

Diese Fähigkeit eines Unternehmens wird geprägt durch:

- sein F&E- und Vermarktungs-*Know-how* bezüglich bestimmter Technologien,

- die zur Nutzung dieses Know-how verfügbaren personellen, finanziellen, sachlichen und rechtlichen (z. B. für Patente und Lizenzen) *Mittel,*

- seine Bereitschaft und Kraft, diese Mittel im Bedarfsfalle zeitgerecht *aufzustocken,*

- die *Erfahrungen,* die das Unternehmen mit der Entwicklung und Vermarktung ähnlicher Technologien gemacht hat,

- die Effizienz der *Entscheidungsprozesse,*

- seine *Innovationskultur.*

Abbildung 17 zeigt die Vier-Felder-Matrix des Technologie-Portfolios (nach Pfeiffer et al.) mit der jedem Feld entsprechenden Normstrategie und den folgenden Empfehlungen:

Investieren sollte man in Technologien, die im Feld Nummer 3 positioniert sind, die also eine hohe Technologieattraktivität besitzen und für die im Unternehmen entsprechend starke Ressourcen vorhanden sind.

Das direkte Gegenteil gilt für Technologien, die in Feld Nummer 1 positioniert sind. Ihre Marktattraktivität ist gering, ebenso der Ressourceneinsatz. Dementsprechend wird hier empfohlen, zu *desinvestieren.*

Für die Felder Nummer 2 und 4 rät die Normstrategie zu *selektieren.* So muss man sich in Bezug auf Technologien im Feld Nummer 2 entscheiden, ob man durch stärkeren Einsatz der Ressourcen noch aufholen kann oder lieber aussteigt. Für die Technologien von Feld Nummer 4 könnte die Entscheidung lauten, dass man trotz der geringen Technologieattraktivität zunächst noch den Markt abschöpft, bevor man den Einsatz der Ressourcen zurückfährt und letztendlich desinvestiert.

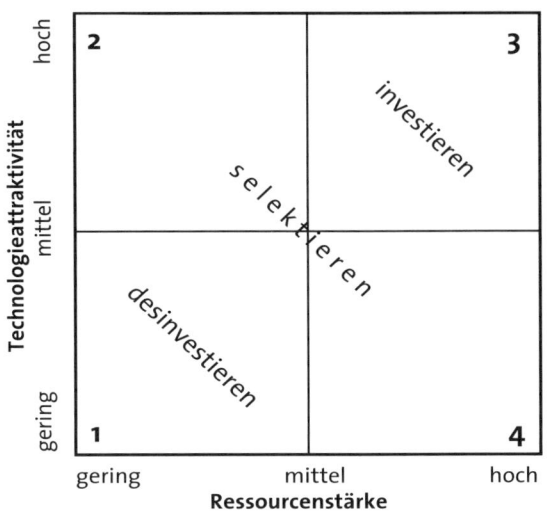

Abbildung 17: Technologie-Portfolio mit Normstrategien (nach Pfeiffer et al.)

Zu differenzierteren Aussagen kann man kommen, wenn man die Portfolio-Analyse um eine Dimension, z. B. um den Reifegrad der Technologie (siehe Kapitel IV, 3.4) erweitert. In der entsprechenden Darstellung (siehe Abbildung 18) werden die unterschiedlichen Positionen der Technologien nicht einheitlich, z. B. durch ein Kreuz, gekennzeichnet, sondern, je nach Reifegrad, durch verschieden große Kreise – je größer der Kreis, desto reifer die Technologie. In dem gezeigten Beispiel sind es drei Technologien (A, B und C), die zum Zeitpunkt der Bewertung (gekennzeichnet durch den Index 0) als Schrittmacher-Technologie (A_0), Basis-Technologie (B_0) und Reife Technologie (C_0) eingestuft werden.

Die in der Abbildung gezeigten Pfeile und Zielkreise symbolisieren die empfohlenen Strategien. Sie werden im Folgenden kurz beschrieben.

• Mit der zusätzlichen Information, dass *Technologie A* noch sehr jung ist und daher, wie bei Schrittmacher-Technologien üblich, ein hohes Entwicklungspotenzial besitzt, sollte man jetzt nicht desinvestieren (wie oben empfohlen), sondern investieren. Es wird nämlich erwartet, dass sich die Technologie in zwei Jahren (Index 2) zu einer Schlüssel-Technologie mit dann größerer Reife und auch höherer Technologieattraktivität entwickelt. Die für diese Technologie jetzt nur in gerin-

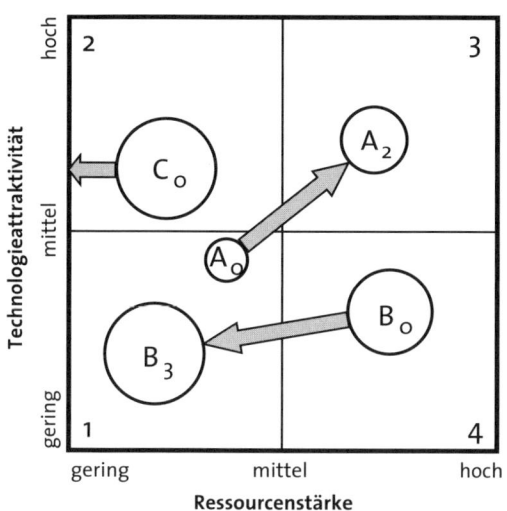

Abbildung 18: Technologie-Reife-Portfolio mit (markierten) Strategieempfehlungen

gem Umfang bereit gestellten Ressourcen sollten daher vorsorglich verstärkt werden.

- Die oben für Feld Nummer 4 empfohlene Strategie, abzuschöpfen, bevor man Ressourcen abzieht und dann aussteigt, wird für *Technologie B* durch die Tatsache unterstützt, dass es sich hier um eine Basis-Technologie mit nur noch geringen Wachstumsmöglichkeiten handelt. Darüber hinaus wird erwartet, dass sie nach drei Jahren (Index 3) eine Reife Technologie mit dann nur noch sehr geringem Potenzial ist.

- *Technologie C* ist schon eine Reife Technologie. Da sie aber noch eine recht hohe Technologieattraktivität aufweist und darüber hinaus nur wenige Ressourcen bindet, sollte man sie zunächst noch im Markt halten und sich erst dann von ihr trennen, wenn mit ihr keine Gewinne mehr erzielt werden.

4 Ideenfindung

4.1 Findungsprozess

Bekanntlich ist manch gute Idee das Ergebnis eines Geistesblitzes. Auf diesen zu warten, ist sicherlich fahrlässig, wenn es um Ideen für neue Produkte und damit um die Zukunft eines Unternehmens geht. Üblicherweise ist daher die Findung von Produktideen ein geordneter und zielgerichteter Prozess. Dieser lässt sich, wie im Folgenden beschrieben, in drei Stufen unterteilen.

1. In seiner ersten Stufe beginnt dieser Prozess mit der Erstellung einer *Aufgabenbeschreibung*. In ihr werden die Randbedingungen und der/die Auslöser – Problem/e und/oder Opportunität/en – der Produktplanung und damit der Suche nach Produktideen ebenso erläutert wie die relevanten Ergebnisse der Produktanalysen und die entsprechenden Strategien (siehe Kapitel IV, 3).

2. Es folgt die *Suche nach alternativen Ideen* zur Erfüllung der eingangs beschriebenen Aufgabe, d. h. Ideen für die Lösung des Problems bzw. der Probleme und/oder die Nutzung der Opportunität/en. Diese höchst kreative Arbeit wird im Allgemeinen durch den Einsatz entsprechender Methoden unterstützt (siehe Kapitel IV, 4.2).

3. Die dritte Stufe beinhaltet die *Ideenbewertung und -auswahl* sowie die Entscheidung über die weitere Verwendung der ausgewählten Idee/n (siehe Kapitel IV, 4.3).

Üblicherweise wird die Aufgabenbeschreibung vom *Produktmanager*, evtl. mit Unterstützung von Marketing- und anderen Experten, erstellt. Darüber hinaus organisiert und überwacht er den Prozess der Ideenfindung – ist damit „Eigentümer des Prozesses" (process owner).

Dazu gehört, dass er

- die Kreativteams aufgaben- und methodengerecht zusammenstellt (z. B. aus Vertretern des Marketings, der Entwicklung, des Vertriebs, der Serviceorganisation) sowie ihre Sitzungen einberuft und häufig auch leitet,

- dafür sorgt, dass die relevanten Anregungen und Verbesserungsvorschläge (z. B. die von Mitarbeitern und Kunden oder auf Messen und

70

Ausstellungen gesammelten sowie durch Beobachtungen der Konkurrenz und in Fachzeitschriften gefundenen) dem Kreativteam zugänglich gemacht werden,

- die ihm vorgesetzten Personen und Gremien (z. B. das Product Management Board, siehe Kapitel III, 3) vereinbarungsgemäß informiert und in den Prozess einbindet, z. B. wenn entschieden wird, welche Idee/n im Rahmen der Produktdefinition weiterverfolgt werden sollen.

4.2 Kreativitätsmethoden

Kreativitätsmethoden sollen helfen, die Effizienz des Prozesses der Ideenfindung zu steigern, z. B. durch Erweiterung des Suchfeldes oder durch Auflösung von Denkblockaden. Es gibt mehr als einhundert verschiedene Kreativitätsmethoden und -anätze. Sie lassen sich entsprechend der Art ihrer Vorgehensweise in intuitive und diskursive Methoden unterteilen.

Die meisten Kreativitätsmethoden gehören zur Familie der *intuitiven*. Mit ihnen gelangt man zu neuen Ideen vornehmlich durch

- Aktivierung des Unbewussten,

- spontane Einfälle,

- Gedankenassoziationen,

- Analogieschlüsse,

- Verfremdung des Problems,

- Suche und Nutzung von Umwegen,

- Erweiterung des Blickwinkels und Vergrößerung des Abstands.

Diskursive Kreativitätsmethoden zeichnen sich aus durch

- eine Folge von kleinen, logisch ablaufenden Schritten,

- die Aufspaltung des Problems in Teilprobleme,

- die Analyse der Teilprobleme,

- die Kombination von Einzellösungen zu einer Gesamtlösung bzw. Gesamtidee.

In den folgenden Abschnitten werden die bedeutendsten intuitiven Kreativitätsmethoden (Brainstorming, Methode 6-5-3, Sechs Hüte des Denkens, Synektik, Bionik) und die von zwei Geschichten (Siebzehn Kamele, Huhn Erna) abgeleiteten Kreativitätsansätze und ein typischer Vertreter diskursiver Verfahren (Morphologischer Kasten) vorgestellt.

Brainstorming

Brainstorming ist die bekannteste Kreativitätsmethode. Wie der Name sagt, sollen mit Hilfe dieser Methode neue Ideen durch „Gehirnstürme" zu Tage gefördert werden, indem jedes Mitglied einer Gruppe ermutigt wird, möglichst viele Ideen spontan zu äußern, die dann von den anderen Mitgliedern der Gruppe aufgegriffen und weitergesponnen werden. Das Brainstorming-Thema wird mit der Einladung zur Sitzung einige Tage zuvor bekannt gegeben, damit die Teilnehmer sich, zumindest mental, auf den von ihnen erwarteten kreativen Beitrag vorbereiten können. Die Dauer eines Brainstormings beträgt üblicherweise zwischen dreißig und vierzig Minuten. Die während der Sitzung gesammelten Ideen werden protokolliert und zu einem späteren Zeitpunkt, meist nach drei bis fünf Tagen, von derselben Gruppe oder anderen Personen bewertet. Der zeitliche Abstand soll nach der Euphorie der kreativen Phase zu mehr Nüchternheit und Wirklichkeitsnähe bei der Ideenbeurteilung führen.

Die Brainstorming-Methode wurde von dem US-Amerikaner Alex F. Osborn, Mitbegründer der Werbeagentur BBDO (Battern, Barton, Durstine, Osborn), entwickelt und in seinem Buch „Applied Imagination: The principles and procedures of Creative Thinking" 1953 beschrieben. Ausgelöst durch seine negativen Erfahrungen, die er mit konventionellen Arbeitstreffen gemacht hatte, stellte er zum Abbau von Denkbarrieren und zur Förderung kreativen Verhaltens folgende Regeln des Brainstormings auf:

1. *Übe keine Kritik!*
   Denn die „absurde" Idee des einen kann bei einem zweiten eine „brauchbare" Idee auslösen.

2. *Je mehr Ideen, desto besser!*
Denn je mehr Ideen produziert werden, desto größer die Wahrschein-
lichkeit, dass nützliche darunter sind.

3. *Ergänze und verbessere bereits vorhandene Ideen!*
Es gibt kein individuelles Ideen-Urheberrecht, sondern nur ein kollektives.

4. *Je ungewöhnlicher die Idee, desto besser!*
Das Verlassen bekannter Denkmuster und freies Phantasieren sind
erwünscht.

Entscheidend für den Erfolg der Brainstorming-Methode ist Größe und
Zusammensetzung der Gruppe. Sie sollte nach den in der Praxis gemachten Erfahrungen mindestens aus vier und höchstens aus fünfzehn Personen
bestehen. Damit kommt einerseits die gewünschte Gruppendynamik in
Gang und andererseits wird vermieden, dass wegen zu großer Teilnehmer-
zahl ein reger Gedankenaustausch zwischen allen Beteiligten nicht mehr
möglich ist und damit die Gruppe auseinander bricht.

Was die Zusammensetzung der Gruppe anbelangt, ist darauf zu achten,
dass möglichst alle vom Thema betroffenen Bereiche des Unternehmens
vertreten sind und dass dabei auch eine gute Mischung unterschiedlicher
Temperamente und Persönlichkeiten (vom intellektuellen Spinner bis zum
Praktiker) zustande kommt. Die Teilnehmer sollten hierarchisch möglichst
auf der gleichen Stufe stehen, jedenfalls gleichberechtigt sein. Denn sonst
besteht die Gefahr, dass die vom Ranghöchsten favorisierte Idee von den
anderen Mitgliedern der Gruppe ohne Anhörung von Alternativvorschlä-
gen vorschnell übernommen wird. Die Sitzung wird meistens vom Produktmanager oder einer anderen Brainstorming-erfahrenen (manchmal
auch externen) Person moderiert. Sie muss dafür sorgen, dass die oben
genannten Spielregen eingehalten werden, dass der „Sturm" der Ideen
nicht zum Erliegen kommt und vom Thema nicht zu weit abgewichen wird.
Moderatoren scheiden als Ideengeber natürlich aus.

Die Vorteile des Brainstormings liegen in der zielgerichteten Nutzung des
Wissens unterschiedlicher Personen, der Einfachheit der Spielregeln und
den relativ kurzen Vorbereitungs- und Durchführungszeiten.

Nachteilig ist, dass sich einzelne Teilnehmer gelegentlich durch überlange
Redebeiträge profilieren wollen und dadurch andere bei der Suche und
Einbringung eigener Ideen behindern. Das hat neben anderen Kritikpunk-

ten dazu geführt, dass Brainstorming in letzter Zeit an Beliebtheit verloren hat und in der Praxis meist nur noch zum Einstieg in die Ideensuche verwendet wird.

Bei dem Versuch, die Methode zu verbessern, sind inzwischen zahlreiche Brainstorming-Varianten entstanden. Die meisten haben mit dem ursprünglichen Verfahren und seinen Regeln nur noch wenig zu tun, tragen aber – häufig aus Vermarktungsgründen – „Brainstorming" in ihrem Namen (Solo-Brainstorming, Imaginäres Brainstorming, Reverse Brainstorming, Didaktisches Brainstorming, Destruktiv-konstruktives Brainstorming).

Methode 6-3-5

Die Methode 6-3-5 gehört zu den Verfahren des *Brainwriting,* also dem „schriftlichen Brainstorming". Brainwriting unterscheidet sich vom Brainstorming dadurch, dass die Ideen nicht mündlich vorgetragen, sondern von den einzelnen Mitgliedern des Kreativteams aufgeschrieben werden. Dadurch soll sichergestellt werden, dass diejenigen, die kreativ sind, sich aber verbal nicht gut ausdrücken und durchsetzen können, bei der Ideensammlung die gleiche Chance haben wie die eloquenteren, dominanteren Teilnehmer.

Die Brainwriting-Variante 6-3-5 wurde 1968 von Bernd Rohrbach entwickelt. An diesem Verfahren sind sechs Personen beteiligt. Sie werden aufgefordert, jeweils drei Ideen zur Lösung eines Problems in den entsprechenden Feldern des an sie verteilten Formulars niederzuschreiben. Diese sechs Blätter werden dann (abhängig vom Schwierigkeitsgrad der Problemstellung) nach drei bis fünf Minuten gleichzeitig im Uhrzeigersinn der Kreativitätsrunde weitergereicht. Die Ideen des Vorgängers werden nun um drei neue oder weiterentwickelte Ideen ergänzt. Die Formulare werden danach solange ausgetauscht, bis jeder Teilnehmer jedes der sechs Blätter bearbeitet hat.

Bezeichnet wird die Methode nach den 6 Mitgliedern der Runde, die jeweils 3 Ideen 5-mal weiterreichen. Die Vorteile dieses Verfahren sind seine relative Einfachheit und große Ergiebigkeit. Es werden nämlich innerhalb von maximal dreißig Minuten 108 Ideen produziert, und zwar in kreativer Stille, andererseits aber auch ohne kreative Rückkopplungen. Die Methode 6-3-5 eignet sich für die Lösung relativ einfacher Probleme und

74

eventuell zur Vertiefung von Ideen, die man durch andere Verfahren, z. B. Brainstorming, gewonnen hat.

Sechs Hüte

Im Jahre 1985 erschien das Buch „Six Thinking Hats", in dem der Malteser Edward de Bono die von ihm entwickelte Kreativitätsmethode der Sechs Hüte des Denkens beschreibt. Jeder dieser Hüte hat eine andere Farbe, die für eine bestimmte Art zu denken steht, nämlich:

- weiß für *analytisches* Denken,

- rot für *emotionales* Denken/Empfinden,

- grün für *kreatives* Denken,

- schwarz für *kritisches* Denken,

- gelb für *optimistisches* Denken und

- blau für *ordnendes* Denken.

Bei der Suche nach Problemlösungen setzen die Mitglieder eines Kreativteams hintereinander die farbigen Hüte auf (oder sie erhalten ein Armband bzw. eine Karte mit der zugehörigen Farbe) und werden aufgefordert, das Problem mit der jeweiligen Art des Denkens, d. h. aus *allen* Perspektiven und nicht nur aus ihrer gewohnten Sicht (z. B. eines Optimisten oder Pessimisten), zu betrachten und zu kommentieren.

Reihenfolge und Bedeutung der sechs Stufen dieser Kreativitätsmethode werden je nach Art des Problems und der im Unternehmen mit diesem Verfahren gesammelten Erfahrungen unterschiedlich festgelegt. Hierzu im Folgenden ein typisches Beispiel:

1. Stufe, *weiß: Problem* formulieren, erläutern, eingrenzen. Es zählen nur Fakten und Zahlen, keine Emotionen und auch nicht persönliche Meinungen.

2. Stufe, *rot: Empfindungen,* positive und negative, die mit dem Problem verbunden sind, beschreiben – ohne sich zu rechtfertigen.

3. Stufe, *grün: Vorschläge* zur Problemlösung erarbeiten und diskutieren. Provokationen und Widersprüche sind zugelassen, jedoch keine kritischen Bemerkungen.

4. Stufe, *schwarz: Kritik* und Bedenken äußern, auf Gefahren und Risiken hinweisen. Alle Schwachpunkte der gemachten Vorschläge beleuchten.

5. Stufe, *gelb: Chancen* und andere positive Aspekte der Vorschläge herausstellen – auch in Erwiderung zu den negativen Kommentaren.

6. Stufe, *blau: Entscheidung* zur Ideen-/Lösungsauswahl und weiteren Vorgehensweise.

Auch bei dieser Methode sollte ein möglichst geschulter Moderator für den geordneten Ablauf des Verfahrens sorgen, insbesondere für die strikte Einhaltung der jeweiligen Farbvorgaben. So sollten die „Bedenkenträger", die sich bei konventionellen Sitzungen häufig am lautesten und dann meist unaufgefordert zu Wort melden, ihre kritischen Aussagen auf die vierte (schwarze) Stufe beschränken, andererseits aber dazu aufgefordert werden, bei grün kreativ zu sein und sich bei gelb positiv zu den Vorschlägen zu äußern.

Die Methode der Sechs Hüte ist wegen ihrer klaren Struktur sowie differenzierten und gleichermaßen umfassenden Vorgehensweise inzwischen sehr beliebt und wird seit mehreren Jahren – meist in Ergänzung zum Brainstorming – erfolgreich eingesetzt (u. A. bei ABB, Bosch, HP, IBM, Ikea).

Synektik

Die Synektik[17] wurde 1944 von dem US-amerikanischen Forscher William J. Gordon auf der Grundlage seiner intensiven Studien über Denk- und Problemlösungsprozesse entwickelt. Diese Kreativitätsmethode bedient sich der unbewusst ablaufenden Denkprozesse, nämlich der Verfremdung des Problems durch Bildung von Analogien und die anschließende Rückübertragung. Dabei wird ganz bewusst das Wissen völlig unterschiedlicher Sachbereiche mit dem Ausgangsproblem *verknüpft* – daher der Name der Methode.

---

17 „Synektik": aus gr. synechein „verknüpfen".

Üblicherweise verläuft eine Synektik-Sitzung in zehn Schritten. Sie werden im Folgenden an Hand eines stichwortartig erläuterten Beispiels beschrieben.

1. *Problemdefinition, Problemformulierung:*

   Unterwasserverbindungen elektrischer Kabel

2. *Spontane Lösungsansätze* (Brainstorming):

   Gummisteckverbindungen, spezielle Kabelmuffen

3. *Neuformulierung des Problems, z. B.* durch Umkehrung der Problemstellung:

   Feuchtigkeitsschutz von Kabelverbindungen

4. *Verfremdung des Problems durch Assoziation mit anderen Bereichen:*

   U-Boot, Doppelwandigkeit, äußere Hülle

5. *Verfremdung des Problems aus persönlicher Identifikation mit dem Problem:*

   Regenmantel, Taucheranzug

6. *Beschreibung symbolischer Analogien:*

   Schutzhülle, zweite Haut

7. *Direkte Analogien aus anderen Bereichen:*

   Gummischlauch, Kunststofffolien

8. *Analyse der direkten Analogien:*

   Eng anliegend, Temperaturabhängigkeit von Kunststoff

9. *Erzwungene Übertragung auf das ursprüngliche Problem:*

   Schrumpfung bestimmter Kunststoffe durch Wärmebehandlung

10. *Entwicklung von Lösungsansätzen:*

Schrumpfschläuche für Unterwasserstecker oder -elektrik

Dabei gilt, wie beim Brainstorming, dass alle Mitglieder der Gruppe gleichberechtigt sind und dass während des Kreativprozesses keine Kritik an den vorgetragenen Ideen geäußert wird. Auch Größe (vier bis fünfzehn Personen) und Zusammensetzung (interdisziplinär und unterschiedliche Temperamente) der Gruppe sind vergleichbar mit denen des Brainstormings.

Wesentlich größer ist dagegen der Zeitaufwand. Er beträgt je nach Thema der Sitzung bis zu einem halben Tag. Dazu kommt, dass dieses Verfahren wegen seiner vielen Schritte und der ungewöhnlichen Verfremdungen und Analogienbildungen vor der ersten Anwendung mit allen Beteiligten gründlich geübt werden muss. Diese zeitlichen und methodischen Anforderungen werden häufig als Hauptgrund für den (noch) seltenen Praxiseinsatz der Synektik genannt.

Bionik

Der Begriff Bionik setzt sich aus „Biologie" und „Technik" zusammen und bringt damit das Wesen und Ziel der Bionik zum Ausdruck, nämlich die „Erfindungen der Natur" zu erforschen und für die Technik zu nutzen. Dabei gibt es zwei unterschiedliche Vorgehensweisen: top down oder bottom up, je nachdem, ob man die biologischen Vorlagen direkt umsetzt (Analogie-Bionik) oder sich von ihnen löst (Abstraktions-Bionik) und sie als Ideenbasis für technische Problemlösungen verwendet.

In beiden Fällen läuft die Suche nach Ideen für neue Produkte bzw. zur Lösung von Problemen nach folgendem Schrittmuster ab:

1. Problem definieren,

2. in der Natur nach Analogien suchen,

3. Vorbilder aus der Natur analysieren,

4. ausgehend von den Ergebnissen dieser Analyse Ideen aufspüren, die sich direkt für die Problemlösung oder als deren Ausgangsbasis eignen.

Als Begründer der Bionik wird häufig Leonardo da Vinci (1452–1519) genannt, der z. B. den Vogelflug analysierte, um daraus Erkenntnisse für den Entwurf seiner Flugmaschinen zu gewinnen. Das erste deutsche Bionik-Patent wurde 1920 Raoul Heinrich Francé für einen „neuen Streuer" (von Salz, Sand und dergleichen) erteilt, den er nach dem Vorbild der Mohnkapsel konstruiert hatte.

Hier einige andere Beispiele für biologisch-technische Analogien:

- *Saugnäpfe* bei Kraken und Käfern / an rutschfesten Badezimmermatten oder Seifenhaltern,

- *Propeller* der Flügelfrucht des Ahorns / von Flugzeugen,

- *Baustrukturen* von Kieselalgen / von Gebäudekuppeln,

- *schuppige Haut* von Haien / von Flugzeugtragflächen zur Verringerung des Strömungswiderstandes,

- *Konstruktionsmuster* des Außenskeletts vom Tintenfisch Nautilus / selbsttragender Karosserien von Autos und Flugzeugen,

- *Echoortung* durch Delphine und Fledermäuse / durch Sonar (*so*und *na*vigation and *r*anging)-Systeme.

Bypass-Methode

Es lebte in Arabien ein alter Mann, der, als er sein Ende nahen fühlte, seine drei Söhne um sich versammelte und ihnen Folgendes sagte: „Alles, was ich Euch hinterlasse, sind meine 17 Kamele. Teilt sie so, dass der Älteste die Hälfte, der Mittlere ein Drittel und der Jüngste ein Neuntel erhält." Kaum war dies verkündet, da schloss er die Augen, und die Söhne konnten ihn nicht mehr darauf aufmerksam machen, dass sein letzter Wille offenbar unvollstreckbar sei. Siebzehn ist doch eine störrische Zahl und lässt sich weder durch zwei noch durch drei und schon gar nicht durch neun teilen! Doch der letzte Wille des Vaters ist jedem braven Araber heilig. Da kam zum Glück ein weiser Pilger auf seinem Kamel daher geritten, der sah die Ratlosigkeit der drei Erben und bot ihnen seine Hilfe an. Sie trugen ihm den verzwickten Fall vor, und der Weise riet, sein eigenes Kamel zu den hinterlassenen zu stellen und die gesamte Herde nach dem letzten Willen des Vaters zu teilen. Und siehe da – der Älteste bekam neun der Tiere, der Mittlere sechs, der Jüngste zwei, das waren eben die Hälfte, ein Drittel und ein Neuntel, und auf dem Kamel, das übrig blieb, ritt der Weise – denn es war das seine – lächelnd davon.

Diese Geschichte geht zurück auf ägyptische Papyrusrollen mit Aufzeichnungen aus dem 17. (evtl. aus dem 19.) Jahrhundert v. Chr., die Leonardo di Pisa (gen. Fibonacci) um die Wende vom 13. zum 14. Jh. in eine mathematisch allgemein gültige Form gebracht hat. Die daraus resultierende Erkenntnis, dass man manchmal Umwege gehen muss, um ans Ziel zu gelangen, ist Grundlage der Bypass-Methode.

Wenn man also Produktideen, oder ganz allgemein Ideen zur Lösung von Problemen, nicht auf dem direkten Wege finden kann, sollte man wie folgt verfahren (siehe Abbildung 19):

1. Das in der Ebene A (direkter Weg) nicht lösbare Problem P_A wird durch Umwandlung zur Ebene (B) verschoben, von der man weiß, dass dort das transformierte Problem (P_B) gelöst werden kann.

2. Problem P_B wird gelöst,

3. und das Ergebnis (L_B) wird anschließend durch den Wechsel hin zur ursprünglichen Ebene A in die gesuchte Lösung L_A zurück transformiert.

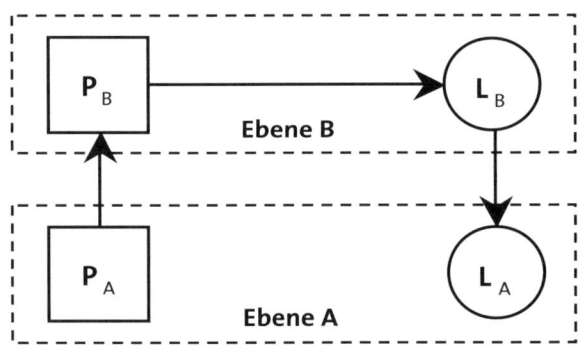

Abbildung 19: Schematische Darstellung der Bypass-Methode

Genau das tat der weise Pilger in der Geschichte von den 17 Kamelen. Er transformierte durch die Abgabe seines eigenen Kamels das Problem von der „Ebene der 17 Kamele" (A) auf die „Ebene der 18 Kamele" (B), löste dort das vorher unlösbare Problem, nahm danach sein Kamel zurück und war damit (zusammen mit den nun glücklichen Erben) wieder auf der ursprünglichen Ebene angekommen.

Auch das Problem der Fernübertragung von Sprache oder Musik wird mit Hilfe der Bypass-Methode gelöst. Die akustischen Signale werden zunächst mit Hilfe eines Mikrofons in elektrische Signale umgewandelt. Diese können nun über Kabel oder Funk (beliebig weit) transportiert werden, um dann am Zielort mit einem elektrisch-akustischen Wandler (z. B. einem Lautsprecher oder der Hörkapsel eines Telefons) wieder in ihre ursprüngliche Form umgewandelt zu werden. Abbildung 20 zeigt in einer Übersicht weitere Anwendungsbeispiele.

Problem P_A	Transformation $P_A » P_B$	Problemlösung $P_B » L_B$	Re-Transformation $L_B » L_A$
Arbeiten in großer Höhe	Nimm Leiter und stelle sie auf	Klettere nach oben und verrichte die Arbeit	Steige hinunter und stelle Leiter zurück
Austausch von Produkten	Biete eigenes Produkt auf dem Markt an	Verkaufe Produkt gegen Geld	Kaufe mit dem Geld fremdes Produkt
Transport von vielen kleinen Teilen	Packe Einzelteile in Kiste	Transportiere Kiste	Packe Kiste wieder aus
Flucht aus bewachtemGebiet	Baue Tunnel	Krieche durch den Tunnel	Klettere an die Oberfläche und flüchte
Gastransport	Verflüssige Gas (um Volumen zu reduzieren)	Transportiere Flüssigkeit	Wandle Flüssigkeit in Gas um
Beschleunigte chemische Reaktion zweier Stoffe	Füge Katalysator hinzu	Reaktion wird beschleunigt	Regeneration des Katalysators
Gedankenübertragung	Beschreibe Gedanken in einem Buch	Weitergabe des Buchs an die Leser	Umwandlung gelesener Worte in Gedanken
Bestimmung der Höhe (h) eines unzugänglichen Objektes (z.B. eines Turmes)	Miss Schattenlänge (a) eines senkrecht stehenden Stabes bekannter Länge (b)	Miss gleichzeitig Schattenlänge (c) des Objektes	Stab und Objekt haben dasselbe Verhältnis von Höhe zu Schattenlänge, $h/c = b/a$; $h = c \times b/a$

Abbildung 20: Anwendungsbeispiele der Bypass-Methode

Huhn Erna

Ein Huhn namens Erna entdeckte eines schönen Tages eine riesige Futterquelle, zu der es erfreut hineilte. Allerdings befand sich die erspähte Futterquelle jenseits eines Maschendrahtzaunes. Huhn Erna versuchte, den Kopf durch eine der Maschen zu stecken, um an das Futter zu gelangen – doch vergeblich –, flatterte aufgeregt am Zaun empor, um ihn zu überwinden – doch auch das gelang nicht. Anschließend rannte Huhn Erna noch aufgeregter vor dem Zaun hin und her, um ein Loch zu finden, durch das es auf die andere Seite kommen könnte. Doch auch dieser Versuch, bei dem der Fresstrieb Huhn Erna immer wieder zwang, schon nach kurzer Strecke umzukehren, um das Ziel nicht aus den Augen zu verlieren, war ohne Erfolg.

Huhn Erna war völlig verzweifelt und erschöpft, legte sich an den Zaun, wendete seinen Blick – um die Qual nicht noch größer zu machen – weg vom Futter und überlegte, ob es nicht doch noch eine letzte Möglichkeit gäbe, dem Hungertod zu entrinnen. Schließlich erhob sich Huhn Erna nach einer Weile, machte ein paar Schritte weg vom Zaun, um sich einen besseren Überblick zu verschaffen (1), erkannte dann zu seiner großen Verwunderung, dass der Zaun begrenzt war, ging an einer Seite vorbei (2), gelangte an das heiß ersehnte Futter und lebte glücklich bis ans Ende seiner Tage.

Was lehrt uns diese Geschichte?

Falls ein Problem – zumindest auf bekannten Wegen – als nicht lösbar erscheint, sollten wir

- Anstrengungen, die Aktionismus und Hektik auslösen, unterlassen,

- uns von der direkten Fixierung auf das Ziel lösen,

- nach neuen Lösungswegen suchen und dabei in Kauf nehmen, dass diese – bezogen auf das ursprüngliche Ziel – eventuell vorübergehende Verschlechterungen bringen,

- uns eine bessere Übersicht verschaffen, indem wir Abstand und Blickwinkel erweitern.

Für das Aufspüren neuer Produktideen heißt das, dass wir versuchen sollten, diese nicht nur auf dem direkten Wege zu finden, sondern gegebenen-

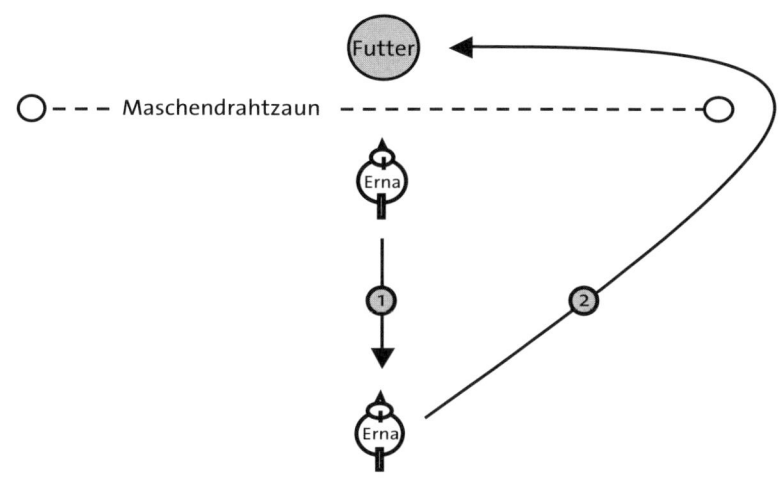

Abbildung 21: Ideenfindung durch erweiterte Übersicht und vergrößerten Blickwinkel

falls – ähnlich wie bei der Synektik oder Bionik – auch durch Übertragung von Erkenntnissen und Problemlösungen aus anderen Bereichen. Viele Hardware- und Softwareprodukte der Informationstechnik sind nur durch den erweiterten Blick auf den Bereich der Hirnforschung und auf die Funktionsweise neuronaler Netze entstanden, und die Liste dieser Beispiele ist sehr lang.

Die Vergrößerung des Abstands ist natürlich nicht nur im räumlichen Sinne zu verstehen, sondern auch im zeitlichen. Wir wissen, meist aus eigener Erfahrung, dass Denkblockaden, die durch eine zu intensive Beschäftigung mit dem Problem entstanden sind, häufig nur durch die berühmte schöpferische Pause überwunden werden können. Diese hatte ja schließlich auch Huhn Erna erfolgreich genutzt, um nach neuen Ideen zu forschen.

Morphologischer Kasten

Der Morphologische Kasten wurde in den 30er Jahren des 20. Jahrhunderts von dem Schweizer Astrophysiker Fritz Zwicky[18] geschaffen, in den darauf folgenden vierzig Jahren von ihm ständig weiterentwickelt und gilt inzwischen als die am häufigsten genutzte diskursive Kreativitätsmethode.

Für die Anwendung dieser Methode hat Zwicky fünf Arbeitsschritte festgelegt und wie folgt beschrieben:

1. Das zu lösende Problem muss genau und umfassend formuliert werden.

2. Alle Parameter (Merkmale, Eigenschaften, Attribute ...), die für die Lösung von Bedeutung sein könnten, müssen bestimmt und analysiert werden.

3. Der Morphologische Kasten – eine für drei Parameter geltende räumliche Darstellung aller möglichen Lösungen des vorgegebenen Problems – wird erstellt.

4. Alle im Morphologischen Kasten enthaltenen Lösungsalternativen werden bezüglich ihrer Zweckdienlichkeit bewertet.

5. Die optimale Lösung wird ausgewählt und umgesetzt.

Die Methode und ihre fünf Arbeitsschritte sollen im Folgenden an Hand eines einfachen Beispiels (schematisch) erläutert werden.

1. *Problem:*
Findung von Ideen für das Produktkonzept einer neuen Taschenlampe.

2. *Parameter:*
Es werden (der Einfachheit halber) nur drei Parameter (Teilprobleme) mit jeweils drei unterschiedlichen Ausprägungen (Teillösungen) gewählt.

---

18 Fritz Zwicky (1898–1974) arbeitete ab 1925 am California Institute of Technology (Caltech) in Pasadena. Die Entdeckung und Untersuchung von Supernovae, die Katalogisierung von Galaxiehaufen und seine Beiträge zur Morphologie machten ihn zu einem der bedeutendsten Wissenschaftler des 20. Jahrhunderts.

Energieversorgung:
Elektrisch, z. B. über ein sog. Netzgerät (E)
Solar, z. B. mit Hilfe der Photovoltaik (S)
Mechanisch, z. B. durch menschliche Muskelkraft (M)

Energiespeicher:
Akkumulator (elektrische Batterie) (A)
Elektrischer Kondensator (K)
Schwung-Rad (R)

Lichtquelle:
Glühlampe (G)
Leucht-Diode (*Light Emitting Diode*, LED) (D)
Leuchtstofflampe (L)

3. *Lösungsalternativen:*
Durch Kombination der unterschiedlichen Teillösungen erhält man für unser Beispiel 3 x 3 x 3 = 27 mögliche Gesamtlösungen, die sich verschiedenartig darstellen lassen, z. B.

* durch eine (Dreier-)*Folge* der oben definierten Kennbuchstaben (E/A/G, E/A/D, E/A/L, E/K/G, E/K/D, EK/L, E/R/G, E/R/D, E/R/L, S/A/G, S/A/D, S/A/L ... , M/R/D, M/R/L),

* in einer zweidimensionalen *Matrix* (siehe Abbildung 22) oder

* dreidimensional durch den Morphologischen *Kasten* (siehe Abbildung 23).

4. *Bewertung:*
Bewertet werden die Lösungsalternativen mit Hilfe der für alle Kreativitätsmethoden geltenden Werkzeuge (siehe Kapitel IV, 4.3). In unserem Beispiel gehören Betriebsautonomie, Bedienerfreundlichkeit, Lichtstärke, Gewicht, Größe, Zuverlässigkeit und Herstellkosten zu den wichtigsten Bewertungskriterien.

5. *Lösungsauswahl:*
In den Abbildungen 22 und 23 werden die Gesamtlösungen (a) und (b) gezeigt.

* *Lösung (a)* stellt die uns allen vertraute Standard-Taschenlampe dar. Eine Glühlampe wird von einem oder mehreren Akkus gespeist, der/die bei Bedarf entweder aufgeladen oder ersetzt wird/werden.

- *Lösung (b)* präsentiert die vor mehr als fünfzig Jahren, d. h. in Zeiten leistungsschwacher und teurer Akkus, entwickelte Dynamo-Taschenlampe. Kurz vor dem Gebrauch der Lampe wird durch die Betätigung einer Handkurbel oder durch Drücken einer Ratsche, d. h. durch den Einsatz menschlicher Muskelkraft, mit Hilfe eines in die Taschenlampe integrierten Dynamos mechanische in elektrische Energie umgewandelt. Diese wird dann von einem elektrischen Kondensator „geglättet" bzw. gespeichert. Um den photoelektrischen Wirkungsgrad zu verbessern, wurde die Glühlampe inzwischen von LEDs abgelöst, und auch die Kondensatorleistung konnte um ein Vielfaches gesteigert werden (zwei Minuten Drehen für dreißig Minuten Licht). Aus diesen und weiteren Gründen erlebt die Dynamo-Taschenlampe zurzeit eine Renaissance als „die Lampe für den Notfall".

Natürlich lässt sich die Zahl der Parameter (p) und die ihrer unterschiedlichen Ausprägungen (a) von jeweils drei (siehe Beispiel Taschenlampe) beliebig erhöhen. Man erhält dann p-dimensionale Kästen, die sich dann jedoch nicht mehr grafisch darstellen lassen. Allgemein gilt für die Zahl der Gesamtlösungen (g) folgende Formel[19]:

$$g = a^{\,p}$$

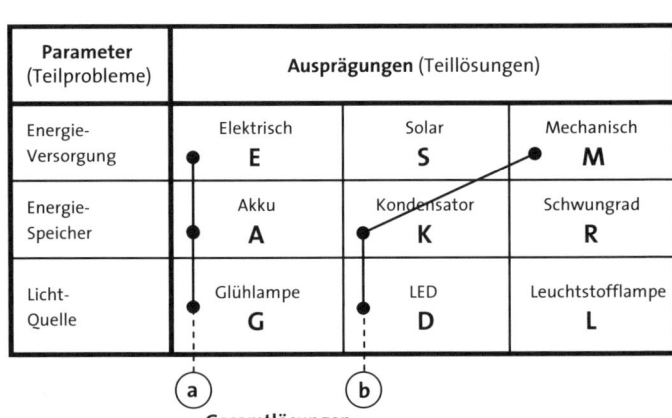

Abbildung 22: *Morphologische Matrix (Beispiel Taschenlampe)*

---

19 Dabei wird der Einfachheit halber angenommen, dass alle Parameter (p) gleich viele Ausprägungen (a) besitzen.

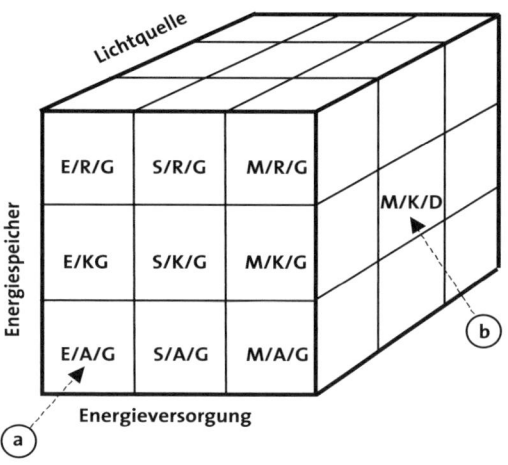

Abbildung 23: Morphologischer Kasten (Beispiel Taschenlampe)

Bei nur 5 Parametern mit jeweils 10 Ausprägungen würden sich 100.000 (!) Gesamtlösungen ergeben. Wie die Praxis zeigt, ist es jedoch wenig sinnvoll, selbst beim Einsatz von Computern, mehr als 100 Gesamtlösungen in die Bewertung zu schicken. Typischerweise beträgt daher das Verhältnis p:a, das heißt der Anzahl der Parameter (Teilprobleme) zu der der jeweiligen Ausprägungen (Teillösungen), 3:4, 4:3 oder 5:2, woraus sich 64, 81 bzw. 32 Gesamtlösungen ergeben.

Die systematische Strukturanalyse des Problems und die Kombination aller Teillösungen sind die Kennzeichen des Morphologischen Kastens. Keine Gesamtlösung wird übersehen, und häufig ist daher das Ergebnis eine Lösung, die man vorher nicht erwartet hatte. Diese Kreativitätstechnik wird daher bei der Lösung nahezu aller Probleme eingesetzt – nicht nur bei der Suche von Produktideen, sondern auch in der Forschung und in vielen anderen Bereichen, z. B. in der Verfahrens- und Sicherheitstechnik.

Es gibt aber auch Kritiker dieser Methode. Sie sehen gerade in deren Stringenz ihren größten Nachteil und behaupten, dass ihr wegen der Gründlichkeit der Vorgehensweise der große Wurf nicht gelingen kann. In einigen Fällen verknüpft man daher diese diskursive Kreativitätstechnik mit einer intuitiven, in dem man z. B. den Morphologischen Kasten nur für die Strukturierung des Problems und seiner Teillösungen einsetzt und anschließend die Brainstorming-Methode für die Weiterverarbeitung der zukunftsträchtigsten Lösungen nutzt.

4.3 Ideenbewertung und -auswahl

Die Praxis der Ideenfindung zeigt, dass ihre Effizienz besonders hoch ist, wenn die Generierung, Bewertung und Auswahl von Ideen nicht miteinander vermischt, sondern als getrennte Aufgaben bearbeitet werden. Insbesondere bei der Bewertung und der Auswahl müssen Vorurteile ausgeschlossen und die gelegentlichen Eitelkeiten derer, die sich als die eigentlichen Ideenschöpfer betrachten, ignoriert werden. Bei einigen Unternehmen bildet man daher für die Ideenbewertung und -auswahl ein (zumindest zu Teilen) neues Team.

Ziel der Ideenbewertung und -auswahl ist es, aus einer meist großen Zahl von zunächst nur stichwortartig und skizzenhaft beschriebenen Ideen mindestens eine herauszufinden, aus der sich in der folgenden Produktdefinition ein attraktives Konzept für die Entwicklung eines neuen Produktes, dessen Herstellung und erfolgreiche Vermarktung erarbeiten lässt.

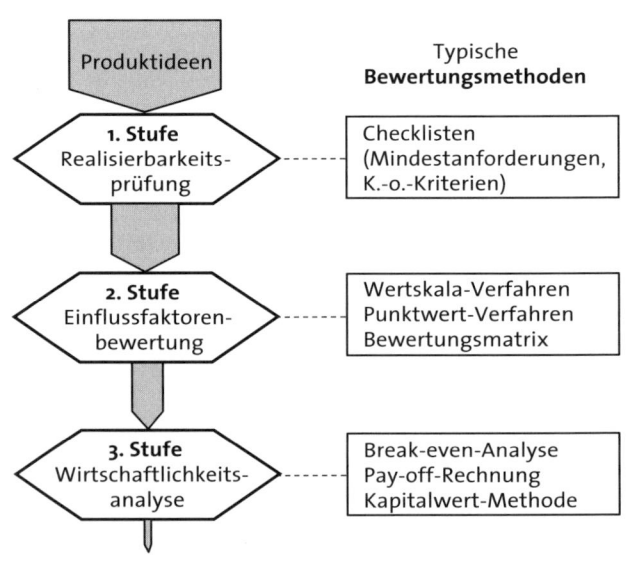

Abbildung 24: Schematische Darstellung des Prozesses der Ideenbewertung und -auswahl

Die Praxis zeigt, dass man dieses Ziel am besten durch einen mehrstufigen, meist dreistufigen, Prozess der Ideenbewertung und -auswahl (siehe Abbildung 24) erreichen kann.

In der *ersten Stufe* wird jede Idee daraufhin überprüft, ob sie technisch und wirtschaftlich sinnvoll und realisierbar ist. Diese Prüfung wird meist an Hand von Checklisten durchgeführt, in denen die Mindestanforderungen und K.-o.-Kriterien festgelegt sind.

Bei der oben diskutierten Taschenlampe hat es z. B. keinen Sinn, ein in der Taschenlampe installiertes Schwungrad elektrisch (z. B. mit Hilfe eines elektrischen Motors) zu betreiben, um die so gespeicherte kinetische Energie anschließend (z. B. mit Hilfe eines Dynamos) zur Versorgung einer Glühlampe wieder in elektrische Energie umzuwandeln. Das heißt, die Idee E/R/D scheidet von vornherein aus.

Doch die Praxis zeigt, dass man sich in dieser ersten Stufe nicht zu sehr auf das Aussondern (drop) von unbrauchbaren Ideen fokussieren sollte, sondern mehr auf die Auswahl (go) der für die weitere Bewertung interessanten Ideen. Denn sonst gehen alle Ideen, die die erste Hürde nicht genommen haben, meist für immer verloren, und zwar auch die, die man unter Umständen durch relativ kleine Veränderungen stark verbessern und damit für neue Produkte – eventuell auch als störende Technologien (siehe Kapitel IV, 3.4) – verwenden könnte.

Das berühmteste Beispiel hierfür ist die Geschichte des Post-it-Klebstoffs der Firma 3M. Dieser war schon bei der ersten Auslese (screening) gescheitert, weil er die vorgegebenen Mindestanforderungen (Dauerhaftigkeit, Festigkeit) nicht erfüllte. Nur zufällig erkannte man, dass er sich hervorragend für Haftnotizzettel eignet, die ja eben nicht dauerhaft und fest kleben sollen. Ein neues, weltweit erfolgreiches Produkt war geboren.

In der *zweiten Stufe* werden die verbleibenden Ideen nach einer bestimmten Methode bewertet. Zur Auswahl stehen:

- *Wertskala-Verfahren*, bei dem die einzelnen Einflussfaktoren – z. B. aus den Bereichen Entwicklung, Beschaffung, Fertigung, Vertrieb – an Hand einer Skala, z. B. von –2 bis +2, beurteilt werden und die Ergebnisse dieser Bewertung dann grafisch als Linienprofile (ähnlich wie die in Abbildung 14 gezeigten Stärken-Schwächen-Profile) dargestellt werden.

- *Punktwert-Verfahren*, bei dem für jedes Merkmal entsprechend seiner Gewichtung und Bewertung unterschiedlich viele Punkte vergeben werden. Ihre Summe entspricht dem Gesamtpunktwert einer Idee, den man dann mit den entsprechenden Werten alternativer Ideen vergleichen kann.

- *Bewertungsmatrix*, bei der für jedes Kriterium (siehe Abbildung 25) aus der Multiplikation der entsprechenden Gewichtungs- und Bewertungskoeffizienten jeweils eine Wertzahl berechnet wird und sich aus der Addition aller Zahlen die Gesamtwertzahl der Produktidee ergibt.

Einflussfaktoren	Gewichtung (G) Summe: 1,0	Bewertung (B) 0,0 bis 1,0	Wertzahlen G x B
Markt-Fit	0,25	0,6	0,150
Neuigkeitsgrad	0,10	0,7	0,070
Strategie-Fit	0,15	0,5	0,075
Programm-Fit	0,10	0,9	0,090
Entwicklungsaufwand	0,10	0,4	0,040
Materialverfügbarkeit	0,05	0,7	0,035
Fertigungskosten	0,05	0,5	0,025
Vermarktungsaufwand	0,10	0,8	0,080
Servicefreundlichkeit	0,05	0,3	0,015
Schulungsaufwand	0,05	0,6	0,030

Gesamtwertzahl: 0,610

Abbildung 25: Ideen-Bewertungs-Matrix

Inhalt der *dritten Stufe* ist die Wirtschaftlichkeitsanalyse. Diese kann wegen der zu diesem Zeitpunkt noch geringen Menge verfügbarer Daten nur vorläufig und sehr grob sein. Erst am Ende der Produktdefinition kann die Wirtschaftlichkeitsanalyse mit wesentlich besseren Daten durchgeführt werden und ist dann entsprechend aussagekräftiger.

Für die Bewertung der Wirtschaftlichkeit verwendet man in der Praxis neben der sog. Pay-off-Rechnung (Ermittlung des Zeitpunktes, ab dem sich die zu tätigenden Investitionen amotisieren) und der Kapitalwertmethode (Ermittlung der Verzinsung des einzusetzenden Kapitals) die Break-even-Analyse. Mit ihr kann man für das zukünftige Produkt ermitteln (siehe Abbildung 26), bei welchen Absatzmengen, Erlösen (bzw. Stückpreisen) und Kosten welche Gewinne zu erwarten sind.

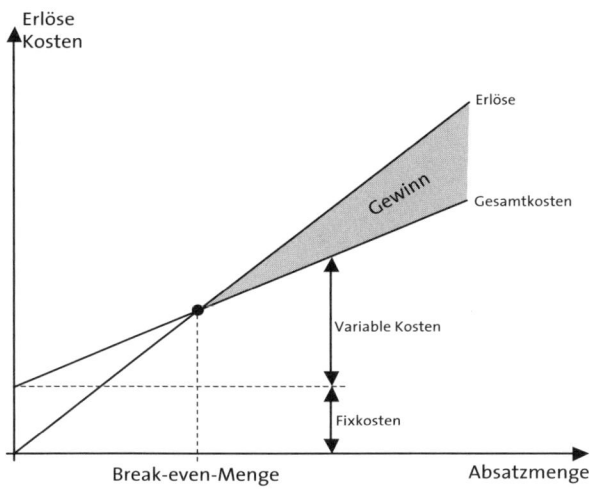

Abbildung 26: Beispiel einer Break-even-Analyse

Am Ende dieses Bewertungs- und Auswahlprozesses sollte man das oben definierte Ziel erreicht haben, nämlich dass mindestens eine zukunftsträchtige Produktidee für die weitere Verwendung zur Verfügung steht. War der Auslöser der Produktplanung (siehe Kapitel IV, 2) ein Problem, das nur durch die Schaffung eines neuen Produktes behoben werden kann, bedeutet dies, dass man nun mit der Produktdefinition beginnt (siehe Kapitel IV, 5). Wurde die Produktplanung jedoch durch eine Opportunität ausgelöst – z. B. durch eine neue Technologie, für deren Einsatz in einem neuen Produkt Ideen gesucht, bewertet und ausgewählt wurden –, gibt es bezüglich ihrer Verwendung drei Möglichkeiten. Man kann die Produktidee(n) entweder

- *sofort selbst nutzen,* indem man nach der Produktdefinition daraus ein neues Produkt entwickelt und fertigt, das man dann auch selbst vermarktet, oder

- *zurückstellen* und „pflegen" bis, abhängig von der Entwicklung des Marktes und des eigenen Produktprogramms sowie von der Verfügbarkeit der Ressourcen, der richtige Zeitpunkt für die eigene Nutzung gekommen ist, oder

- *verkaufen,* eventuell auch durch Vergabe von Lizenzen.

91

4.4   Kreative Mitarbeiter

Innovative Unternehmen verfügen natürlich nicht nur über die geeigneten Werkzeuge, sondern vor allem über genügend viele kreative Mitarbeiter. Doch was sind kreative Mitarbeiter, und was zeichnet sie aus?

Kreativität ist inzwischen ein von allen gesellschaftlichen Gruppen und politischen Parteien gern verwendeter Begriff, besonders wenn es um Aussagen zum wirtschaftlichen Aufschwung und um die hierfür benötigten innovativen Produkte geht. Ausgelöst wurde das wachsende Interesse an der Kreativität vor rund fünfzig Jahren im Zusammenhang mit dem Start des ersten künstlichen Satelliten und dem daraus resultierenden sog. Sputnik-Schock. Damals begann man in den USA mit einer Vielzahl von Untersuchungen und Tests, um herauszufinden, warum der Einfallsreichtum unter den Menschen so unterschiedlich verteilt ist.

Man stellte fest, dass Kreativität und Intelligenz nicht dasselbe sind. Kreativität ist bestimmt durch flexibles, originelles, *divergentes* Denken (Querdenken), Intelligenz dagegen durch logisches, lineares, *konvergentes* Denken. Jeder Intelligente ist also nicht kreativ. Umgekehrt, so zeigten es die Testergebnisse, setzt hohe Kreativität hohe Intelligenz voraus. Denn um gute Ideen zu entwickeln, muss man sich zuvor mit dem betroffenen Fachgebiet intensiv beschäftigen, und dafür bedarf es intellektueller Leistungsfähigkeit.

Aus dieser Zeit des Beginns der Kreativitätsforschung stammt auch folgende Definition:

> Als *Kreativität* bezeichnet man schöpferisches Vermögen, das sich im menschlichen Handeln oder Denken realisiert und einerseits durch Neuartigkeit oder Originalität gekennzeichnet ist, andererseits aber auch einen sinnvollen und erkennbaren Bezug zur Lösung technischer, menschlicher und/oder sozial-politischer Probleme aufweist.

Dementsprechend sind bei den meisten kreativen Menschen, abgesehen von ihren intellektuellen Fähigkeiten, ihrer Problemsensitivität, Flexibilität und Eigenständigkeit, folgende *Persönlichkeitsmerkmale* besonders stark ausgeprägt:

- Energie- und Aktivitätspotenzial (Vitalität, Initiative, Ausdauer),

- Neugier,

- Konflikt- und Frustrationstoleranz,

- Unabhängigkeit und Nonkonformismus.

Innovative Unternehmen bieten ihren Mitarbeitern im Rahmen der Aus- und Weiterbildung künstlerische Betätigungsmöglichkeiten an, z. B. in Malkursen (deren Besuch in einigen Firmen sogar zur Pflicht gemacht wird) sowie durch die Einrichtung und Finanzierung betrieblicher Theatergruppen oder Orchester. Darüber hinaus verfügen diese fortschrittlichen und erfolgreichen Unternehmen über Organisationsstrukturen und Kulturen, die ebenfalls Kreativität fördernd sind. Sie sind geprägt durch kooperativen Führungsstil und ein hohes Maß an Fehlertoleranz und Eigenverantwortung.

Bei den meisten innovativen Unternehmen gibt es unter den Kreativen auch einige Stars, die „Kreativchampions", mit einer Mischung aus Neid und Bewunderung gelegentlich als intelligente Spinner bezeichnet. Sie sind relativ selten, denn im Allgemeinen beträgt ihr Anteil an der Gesamtzahl der schöpferisch Tätigen eines Betriebes nicht mehr als 5 Prozent. Im Vergleich zum „normalen Erfinder" melden Kreativchampions mindestens viermal mehr Patente an, und ihr wirtschaftlicher Wert ist meist überdurchschnittlich hoch. Darüber hinaus sind Kreativchampions der „Treibstoff" des Innovationsprozesses und stehen im Zentrum des damit verbundenen Informationsaustauschs. Sie leisten also einen wesentlichen Beitrag zur Steigerung der Wettbewerbsfähigkeit ihres Unternehmens.

Damit diese wertvollen Mitarbeiter und das entsprechende Know-how nicht an die Konkurrenz verloren gehen, müssen sie in besonderem Maße motiviert und in ihrer Arbeit unterstützt werden. Hierzu einige Empfehlungen an die Unternehmensleitung:

1. Machen Sie sich ein genaues Bild vom Kreativpotenzial Ihres Unternehmens und spüren Sie Ihre Kreativchampions auf. Jedenfalls sollten Sie und nicht die Konkurrenten besser über Ihre Schlüsselerfinder informiert sein.

2. Als „Einzelkämpfer" oder als Leiter einer kleinen Stabstelle sollten Ihre Kreativchampions dem für Entwicklung verantwortlichen Mitglied der Unternehmensleitung direkt zugeordnet werden und nicht in einer großen Entwicklungsabteilung verloren gehen. Sie eignen sich nur selten für die Führung und damit Organisation der Arbeit vieler Mitarbeiter, und sie brauchen den direkten Draht zum Chef.

3. Kreativchampions sollten weitgehend von administrativen Aufgaben befreit werden. Ob es um die Planung und Abrechnung von Reisen oder um die Anmeldung von Patenten geht, sie sollten jede gewünschte Unterstützung erhalten, damit mehr Zeit für ihre schöpferische Arbeit verbleibt.

4. Man sollte zulassen, dass sie ihre Arbeitszeiten selbst bestimmen. Morgens erscheinen sie meist später, nutzen dafür häufig die etwas ruhigeren Abendstunden oder das Wochenende für ihre schöpferische Arbeit. Diese lässt sich schlecht in ein zeitliches Korsett zwängen.

5. Es sollte ihnen gestattet sein, ihr kreatives Umfeld nach eigenen Vorstellungen zu gestalten und ihre Allüren oder Marotten frei zu entfalten. Lassen Sie ihnen ihre Sitzbälle, ihr kreatives Chaos, ihre Tomatenzucht auf der Bürofensterbank oder ihr Aquarium im Labor. Hauptsache, sie werden dadurch inspiriert.

6. Geben Sie Ihren Kreativchampions Gelegenheit zur kritischen Auseinandersetzung, nicht nur in den Gruppen zur Ideenfindung, sondern auch in Diskussionsrunden mit selbst ausgewählten Sparringspartnern sowie durch den Besuch von Fachtagungen. Dispute können helfen, Ideenprofile zu schärfen.

7. Sorgen sie dafür, wenn nötig mit sanftem Druck, dass Produktideen rechtzeitig, also keine „unreifen" oder „überreifen", an die zuständige Produktentwicklungsabteilung weitergegeben werden. Nur so wird sichergestellt, dass aus Ideen und ersten Testmodellen Produkte entstehen, die gefertigt und vermarktet werden können.

8. Sie sollten leistungsgerecht bezahlt werden und zwar im Verbund mit nicht finanziellen Anreizen (z. B. Konzertkarten, Sonderurlaub oder -reisen mit Familie).

5   Produktdefinition

Unter *Produktdefinition* versteht man die Transformation einer Produktidee in ein Produktkonzept, das als Grundlage der anschließenden Produktentwicklung dient.

Demzufolge sind die wichtigsten – und in den folgenden Abschnitten erläuterten – Aufgaben der Produktdefinition:

*   die Festlegung der *Leistungsmerkmale,*

*   der Entwurf des *Produktdesigns,* zumindest in groben Zügen,

*   die Erarbeitung eines auf das Produkt abgestimmten *Markenkonzepts,*

*   die Aktualisierung der *Wirtschaftlichkeitsanalyse* und die Festlegung der
    entsprechenden *Kosten- und Erlösziele,*

*   die Erprobung und Bewertung alternativer *Produktkonzepte* und

*   die Erstellung des *Lastenhefts* als Zusammenfassung aller für die Pro-
    duktentwicklung relevanten Inputs.

5.1   Leistungsmerkmale

Nehmen wir an, die Idee wäre, einen (Analog-)Telefonapparat für das
Festnetz zu entwickeln und zu vermarkten, dessen Preis so niedrig ist
(unter 5 Euro), dass man das Telefon bedenkenlos austauschen würde,
wenn die Farbe nicht mehr im Trend liegt bzw. nicht zur neuen Einrichtung
passt oder nicht mehr einwandfrei funktioniert. Es wäre also ein „Weg-
werftelefon", das man, ähnlich wie Wegwerffeuerzeuge, in unterschiedlichen Farben z. B. im Dreierpack kurz vor Betreten des Kassenbereichs
eines Supermarktes kaufen kann. Andererseits würde dieses preisgünstige
Telefon nur die einfachste, jedoch bei Weitem häufigste Form des Telefo-
nierens zulassen.

Die entsprechenden, im Rahmen der Produktdefinition festgelegten, Leistungsmerkmale wären:

- leicht lösbare Verbindung mit dem öffentlichen Festnetz,

- Ein- und Ausschaltmöglichkeit,

- Wahl des Gesprächspartners,

- Anrufsignalisierung,

- Möglichkeit, gleichzeitig zu hören und zu sprechen, also den anderen zu unterbrechen,

- Wahlwiederholung,

- an Telefonanlagen einsetzbar,

- Wandmontage möglich,

- sehr einfach (ohne Betriebsanleitung) zu bedienen.

Auf Komfortmerkmale wie Lauthören, Freisprechen, Nummern-/Namenanzeige, Kurz- und Zielwahl würde also bewusst verzichtet. Andererseits müsste dieses Wegwerfprodukt mit Rücksicht auf das Umweltbewusstsein der Kunden und im Einklang mit den geltenden Entsorgungsrichtlinien (siehe Kapitel V, 3.3) recyclebar sein.

5.2   Design

In einer Zeit, in der sich Produkte bezüglich ihrer Leistung und Funktionen immer weniger von denen der Wettbewerber unterscheiden, bestimmt zunehmend das Design eines Produktes seinen Markterfolg. Produktdesign ist daher ein wichtiges Element bei der Entscheidung über den Start der meist kostspieligen Entwicklung eines Produktes und gehört damit zu den Aufgaben der Produktdefinition und nur in eingeschränktem Maße zu denen der Produktentwicklung.

Das Wort Design, entlehnt aus dem Englischen und abgeleitet aus dem Lateinischen (designare „be/zeichnen"), bezieht sich auf eine Tätigkeit oder ihr Ergebnis und ist mit unterschiedlichen Begriffen eine Verbindung eingegangen: z. B. Corporate Design, Grafikdesign, Modedesign, Interface Design, Produktdesign (Industrial Design). Entsprechend groß ist die Zahl der unterschiedlichen Begriffsdefinitionen.

Unter *Produktdesign*[20] versteht man die Gestaltung eines Produktes (einschließlich seiner Teile, Verzierung, Verpackung, Ausstattung, grafischen Symbole und typografischen Schriftbilder) durch Formgebung, Farb- und Materialauswahl.

Trends und Stilrichtungen

Beim Produktdesign, anders als beim Modedesign, erlebt man nur selten schnelle und sprunghafte Veränderungen, sondern eher fließende Übergänge zwischen größeren Zeitabschnitten unterschiedlicher Stilrichtungen. So gibt es einige (siehe Abbildung 27), die noch Jahrzehnte nach ihrer Entstehung neben – und häufig in Verbindung mit – den neuesten Trends das Design heutiger Produkte prägen.

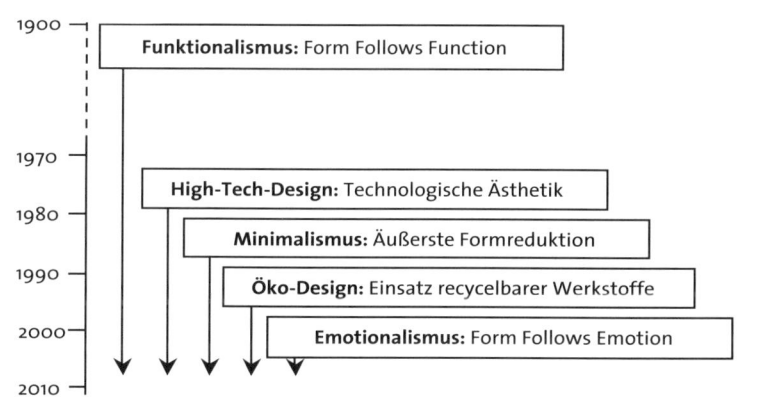

Abbildung 27: Typische „aktive" Trends des Produktdesigns

---

14 Siehe Abschnitt „Designschutz": EU-Verordnung über das Gemeinschaftsge-schmacksmuster.

Einer dieser neueren Trends ist der *Emotionalismus*. Sein Ziel ist, Produkte so zu gestalten, dass sie beim Kunden positive Gefühle und Wünsche – z. B. Sehnsucht nach Glück, Liebe oder Freiheit – auslösen. Dabei sollte man Emotionen allerdings nicht als Teil des Kommunikations*inhalts* sondern nur als Kommunikations*mittel* für den Transport der Leistungsmerkmale vom Produkt zum Kunden einsetzen (siehe Abbildung 28), gleichsam als Medium, so wie es z. B. das Wasser für den Schiffsverkehr ist. Denn Emotionen haben keine klaren Grenzen, sind austauschbar und lassen sich daher nur schlecht mit einem bestimmten Produkt identifizieren. Leider wird dieser Hinweis in der Werbung, insbesondere im Fernsehen, häufig missachtet, nämlich dann, wenn vor lauter Gefühlen am Ende das Produkt und die Übermittlung seiner Eigenschaften auf der Strecke bleiben.

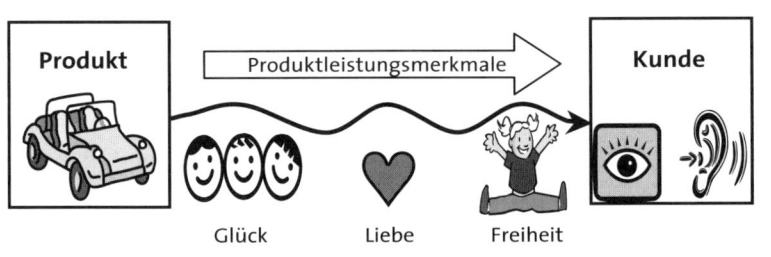

Abbildung 28: Emotionalismus: Positive Gefühle als Medium für den Transport von Produktleistungsmerkmalen

„Gutes Design"

Elemente unterschiedlicher Stilrichtungen (z. B. Funktionalismus, Minimalismus, Öko-Design) findet man auch in den „Zehn Regeln des Guten Designs", die Dieter Rams, ehemaliger Chef-Designer der Braun AG, schon vor rund zwanzig Jahren aufgestellt und im Laufe der Jahre nur geringfügig verändert hat. Sie lauten (in Klammern Auszüge aus den von Rams verfassten Erläuterungen[21]):

Gutes Design

1. ist *innovativ* („Es wiederholt weder bekannte Produktgestalten, noch erzeugt es beliebige Neuartigkeit als Selbstzweck."),

---

21 Siehe Rams, Dieter: Weniger, aber besser. 3. Auflage, Hamburg 2003.

2. macht ein Produkt *brauchbar* („Die wichtigste Aufgabe des Design ist es, die Brauchbarkeit eines Produkts zu optimieren.“),

3. ist *ästhetisch* („Die ästhetische Qualität eines Produktes – und damit seiner Faszination – ist ein integraler Aspekt seiner Brauchbarkeit.“),

4. macht ein Produkt *verständlich* („Es bringt das Produkt sozusagen zum Sprechen. Im optimalen Fall erklärt sich ein Produkt selbst und erspart das frustrierende Studium von unverständlichen Betriebsanleitungen.“),

5. ist *unaufdringlich* („Produkte, die einen Zweck erfüllen, haben Werkzeugcharakter. Sie sind weder dekorative Objekte noch Kunstwerke. Ihr Design sollte daher neutral sein, die Dinge zurücktreten lassen und dem Menschen Raum geben.“),

6. ist *ehrlich* („Es versucht nicht, ein Produkt anders erscheinen zu lassen, als es wirklich ist – innovativer, leistungsfähiger, wertvoller. Es manipuliert den Käufer und Gebraucher nicht, stiftet ihn nicht zum Selbstbetrug an.“),

7. ist *langlebig* („Es hat nichts Modisches, das schnell veraltet.“),

8. ist *konsequent* bis ins letzte Detail („Gründlichkeit und Genauigkeit des Design sind Ausdruck von Respekt – dem Produkt und seinen Funktionen, aber ebenso dem Gebraucher gegenüber.“),

9. ist *umweltfreundlich* („Dabei muss es nicht allein etwas gegen die physische, sondern auch gegen die visuelle Verschmutzung und Zerstörung der Umwelt tun.“),

10. ist so *wenig Design* wie möglich („Zurück zum Puren, zum Einfachen!“).

Designkomponenten

Bezogen auf unsere Sinnesorgane und unterschiedlichen Arten der Wahrnehmung, kann man das Design eines Produktes in seine Bestandteile zerlegen (siehe Abbildung 29). Dabei wird jede Designkomponente durch einen, zwei oder drei der Designfaktoren – Form, Farbe, Material – bestimmt.

Sinnesorgane/	Design-	Designfaktoren		
Wahrnehmung	komponenten	Form	Farbe	Material
Auge/ sehen	optisches Design	X	X	X
Haut/ fühlen	haptisches Design	X		X
Ohr/ hören	akustisches Design	X		X
Nase/ riechen	olfaktorisches Design			X
Zunge/ schmecken	gustatorisches Design			X

Abbildung 29: Produktwahrnehmung und -design

Zu den einzelnen Komponenten des Designs im Folgenden einige Erläuterungen:

Optisches Design
Visuelle Wahrnehmung beruht auf der Reizung der Photorezeptoren unserer Netzhaut durch Lichtstrahlen, die von den Objekten ausgesandt, gebeugt oder reflektiert werden. Die unterschiedlichen Wellenlängen und Intensitäten der empfangenen Lichtstrahlen vermitteln uns die Informationen über die Farben, ihre Helligkeit und Tönung und damit durch vergleichende Betrachtungen auch über Konturen, Form, Abmessungen und Größenverhältnisse eines Produktes sowie über Art und Oberfläche der verwendeten Materialien. Diese Informationen können unsere Augen in großem Umfang und in sehr kurzer Zeit aufnehmen, nämlich etwa 10 Millionen Bits (Ja/Nein-Zustandsinformationen) pro Sekunde (10Mbit/s). Die entsprechenden Datenraten der anderen Sinne sind um ein Vielfaches kleiner, nämlich beim Tatsinn (1Mbit/s) um ein Zehnfaches, beim Gehörsinn und Geruchsinn (100kbit/s) um ein Hundertfaches und beim Geschmackssinn (1kbit/s) sogar um ein Zehntausendfaches. Die optische Komponente ist wegen ihrer großen Datenübertragungsraten daher bei der Wahrnehmung von Design sicherlich die wichtigste. Darüber hinaus ist sie die einzige Komponente, die uns über die Farben eines Objekts Auskunft gibt.

Farbe ist bekanntlich keine physikalische Eigenschaft eines Gegenstandes, sondern eine subjektive Sinnesempfindung in unserem Bewusstsein, die jedoch bei Menschen desselben Kulturkreises viele Gemeinsamkeiten besitzt. Dies gilt sowohl für die Klassifizierung der Farbe (rot, blau, gelb

…) als auch für die psychischen und physischen Wirkungen, die sie bei den Betrachtern auslöst. Hierzu präsentiert Abbildung 30 einige typische Testergebnisse.

In der rechten Spalte der Tabelle steht, wie unterschiedlich das Gewicht eines Gegenstandes in Abhängigkeit von seiner Farbe eingeschätzt wird. Diese Untersuchung geht zurück auf Lagerarbeiter, die an bestimmten Tagen über ungewöhnliche Rückenschmerzen und Ermüdungserscheinungen klagten. Man fand heraus, dass an den entsprechenden Tagen besonders viele schwarze Kisten von Hand verladen werden mussten, und wechselte seitdem, wann immer möglich, zu weißen oder zumindest hellfarbigen Kisten.

	Farbwirkung			
Farbe	**psychisch**	technisch	**physisch**	Gewichts-einschätzung relativ zu „weiß"
gelb	fröhlich, sonnig, intelligent		leicht	+17%
rot	gefährlich, aggressiv, dynamisch		schwer, schnell	
blau	kalt, träge, sauber		weit	+57%
grün	ungefährlich, beruhigend, gesund		rein, organisch	+37%
braun	warm, erdverbunden, statisch		schwer	
weiß	klinisch, sauber, steril	X	leicht, vergrößert	(0%)
grau	modern, schlicht, fortschrittlich	X	leicht	
schwarz	traurig, stabil, statisch	X	schwer, verkleinert	+93%

Abbildung 30: Produktfarben und ihre Wirkungen (Quelle: Bosch, Qualitätsfaktor Design)

Doch Farben beeinflussen auch unser Temperaturempfinden. Ein blaugrün gestrichener Raum vermittelt Versuchspersonen bereits bei fünfzehn Grad Celsius ein Kältegefühl, der gleiche Raum mit orangefarbigem Anstrich erst bei zwei Grad Celsius.

Haptisches Design

Die sog. Mechanorezeptoren der Haut und besondere Tasthaare geben uns die Möglichkeit, Gegenstände haptisch wahrzunehmen. Die von den Sensoren erfassten Reize werden über Nervenzellen an das Gehirn weitergeleitet und dienen dort der Lokalisierung und Bewertung von Berührung, Druck, Vibration, Schmerz und Temperatur. Dabei werden durch eine entsprechende Verschaltung von Nervenzellen nicht relevante Informationen herausgefiltert, um das System nicht zu überlasten und möglichst schnell in die Lage zu versetzen, Reflexe (z. B. Zurückziehen der Hand) auszulösen. Bekanntlich sind die Rezeptoren unterschiedlich verteilt, z. B. an Fingerspitzen und der Zungenspitze besonders dicht, nämlich im Abstand von ein bis fünf Millimetern, und am Rücken in Abständen von mehr als sechzig Millimetern.

Diese Eigenschaften und Fähigkeiten unseres Tastsinns bestimmen die haptische Komponente des Produktdesigns, insbesondere bei der Formgestaltung und Auswahl geeigneter Materialien. Dabei geht es vor allem um die Schaffung geeigneter Linien, Konturen, Abmessungen, Größenrelationen, Oberflächen und um Temperaturübergänge an der direkten Schnittstelle zwischen Mensch und Produkt sowie um sein – durch unsere Druckdetektoren erfasstes – Gewicht.

Türgriffe, die gut in der Hand liegen und das Öffnen erleichtern, oder rutschfeste Handwerkzeuge belegen die Bedeutung des haptischen Designs. Auch hatte man schon vor mehr als hundert Jahren bei den ersten Telefonen erkannt, dass ihre Handapparate (Hörer) einerseits den Mund-Ohr-Abstand berücksichtigen sollten und andererseits die Abneigung des Menschen, kalte und raue Gegenstände an sein relativ warmes und zartes Ohr zu halten. Die metallene Hörmuschel war also zunächst durch eine Schale aus Holz geschützt, bevor man dann für den ganzen Apparat Press- oder Kunststoffe einsetzen konnte.

Akustisches Design

Seitdem man erkannt hat, dass beim Kauf bestimmter Produkte ihre akustischen Eigenschaften eine große oder sogar die entscheidende Rolle spielen, gibt es akustisches Design. Hier einige der vielen Beispiele:

- Porsche-Fans protestierten, als sie vor etwa zehn Jahren von der Umstellung auf Wasserkühlung erfuhren, und befürchteten, dass dadurch der Sound des Motors verändert würde. Doch die Klangdesigner von Porsche, auch „Vivaldis der Automobilindustrie" genannt, sorgten dafür, dass der geliebte Sound bei dieser Umstellung nicht verloren ging.

- Es gibt Golfer, die bestimmte „Hölzer" nicht kaufen, nur weil sie beim Ballabschlag „blechern hohl" und nicht „angenehm voll" klingen.

- Selbst bei Klein-Elektrogeräten wie Haartrockner oder Trockenrasierer kann der Arbeitsklang Kauf entscheidend sein.

Die Hersteller klangsensibler Produkte haben daher Experten, welche die akustischen Eigenschaften ihrer Produkte nicht dem Zufall überlassen, sondern im Rahmen des Produktdesigns nach klaren Vorgaben gestalten. Dabei versucht man, durch die Wahl (u. A.) geeigneter Materialen, Formen, Wandstärken, Befestigungs- und Verbindungstechniken das gewünschte Schwingungsverhalten und die entsprechenden Eigenfrequenzen des Produktes und seiner Teile zu erzielen. So gelingt es, dass die Tür des Kühlschranks oder Autos beim Schließen keine billigen, scheppernden Geräusche von sich gibt, sondern satt ins Schloss fällt – im „Einklang" mit dem Kaufpreis.

Olfaktorisches Design
Mit der Riechschleimhaut im obersten Teil unserer Nasenhöhle sind wir in der Lage, etwa zehntausend verschiedene Gerüche zu identifizieren. Sie bestehen aus jeweils einigen hundert verschiedenen Duftmolekülen, von denen jedoch nur einige wenige für die Erkennung ausreichen. Sie entscheiden, ob wir einen Geruch als angenehmen, z. B. würzigen, blumigen, Duft oder als unangenehmen, z. B. fauligen, stechenden, Gestank empfinden. Die Fähigkeit, derartige Unterscheidungen machen zu können und ganz allgemein Gerüche zu erkennen, ist Ergebnis eines Lernprozesses und wächst daher mit zunehmendem Alter. Schließlich weiß man aus eigener Erfahrung, dass Gerüche Erinnerungen wecken können, aber auch Emotionen wie Freude, Zufriedenheit oder das wohlige Gefühl der Behaglichkeit.

Diese Erkenntnisse nutzt man beim olfaktorischen Design von Produkten, mit dem Ziel, die Kauf-, Verbrauchs- und/oder Gebrauchslust zu steigern. Das gilt nicht nur für die Gestaltung von Lebensmitteln, Getränken oder Körperpflegemitteln, sondern auch von Gebrauchsgütern wie Lederautositze, Holzmöbel oder bewusst geruchsneutrale technische Geräte. Entscheidend bei diesem auf unsere Nase ausgerichteten Design sind die Auswahl der Materialien, einschließlich Klebstoffen, Anstrichen und ggf. speziellen Duftstoffen, in Verbindung mit dem Betriebsverhalten (z. B. bei Erwärmung) des Produktes. Eine angenehm duftende Seife verkauft sich eben besser und ein Gebrauchtwagen, dessen Innenraum penetrant nach Tabakrauch riecht, bekanntlich schlechter.

Gustatorisches Design

Den Geschmack von Produkten nehmen wir mit den auf der Oberseite unserer Zunge angesiedelten Rezeptoren sowie teilweise auch mit bestimmten Bereichen der hinteren Gaumenwand und des Kehlkopfs wahr. Wir können dabei zwischen einer relativ kleinen Zahl (je nach Einteilung und Interpretation fünf bis zehn) unterschiedlicher Geschmacksqualitäten differenzieren, z. B. süß, sauer, salzig, bitter, umami (aus jap. umai „fleischig und herzhaft") und fettig. Diese recht groben Ergebnisse werden daher zur genaueren Geschmacksbestimmung in unserem Gehirn mit den sehr differenzierten Erkenntnissen der Riechwahrnehmung korreliert. Wenn z. B. durch Erkältung unsere Nase verstopft ist, so wissen wir, dass sich dann unsere Geschmackseindrücke auf die wenigen Grundeinteilungen reduzieren.

Bei Lebensmitteln, Getränken und Medikamenten spielt gustatorisches Design eine ähnlich wichtige Rolle wie die olfaktorische Produktgestaltung. Doch auch bei Gebrauchsprodukten, nämlich bei denen, die wir in den Mund nehmen, kann die Geschmackskomponente für Kauf und Wertschätzung von entscheidender Bedeutung sein. Gabeln, Löffel oder Zahnbürsten werden daher aus Materialien hergestellt, die absolut geschmacksneutral sind. Gleiches gilt für das Mundstück einer Tabakspfeife oder Klarinette.

Designschutz

Am 6. März 2002 ist die europäische Verordnung Nr. 6/2002 über das Gemeinschaftsgeschmacksmuster (Regulation on Community Design) in Kraft getreten. Hier einige wichtige Punkte der 111 Artikel dieser Verordnung:

Schutzobjekt
Geschützt werden soll das Geschmacksmuster/Design eines Produktes, nämlich die *„Erscheinungsform eines Erzeugnisses oder eines Teils davon, die sich insbesondere aus den Merkmalen der Linien, Konturen, Farben, der Gestalt, Oberflächenstruktur und/oder der Werkstoffe des Erzeugnisses selbst und/oder seiner Verzierung ergibt".*

Unter Erzeugnis versteht man hier *„jeden industriellen oder handwerklichen Gegenstand, einschließlich – unter anderem – der Einzelteile ...., Verpackung, Ausstattung, grafischen Symbolen und typografischen Schriftbildern".*

Schutzvoraussetzungen
Das Design muss *neu* sein und *Eigenart* haben.

Das ist der Fall, *„wenn der Öffentlichkeit (...) kein identisches Geschmacksmuster* (dessen Merkmale sich *„nur in unwesentlichen Einzelheiten unterscheiden")* *zugänglich gemacht wurde"* und sich auch *„der Gesamteindruck, den es beim informierten Benutzer hervorruft",* von dem Gesamteindruck eines bekannten Designs unterscheidet.

Schutzbeantragung
Anträge auf die Registrierung von Geschmacksmustern können schriftlich oder auch elektronisch per Internet direkt beim Harmonisierungsamt für den Binnenmarkt (HABM)[22] in Alicante/Spanien oder indirekt über das für den nationalen Schutz zuständige Amt – in Deutschland das Deutsche Patent- und Markenamt (DPMA) in München – gestellt werden.

Schutzdauer
• *Registriertes* Geschmacksmuster: 5 Jahre (nach Verlängerungen um jeweils 5 Jahre) bis maximal 25 Jahre.

• *Nicht registriertes* Geschmacksmuster: 3 Jahre ab dem Zeitpunkt, da dieses *„der Öffentlichkeit innerhalb der Gemeinschaft erstmals zugänglich gemacht wurde"* (z. B. durch den Produktvertrieb oder auf Messen).

---

14 International auch bekannt als OAMI: Oficina de Armonización de Mercado Interior.

Schutzgebiet

Das EU-Gemeinschaftsgeschmacksmuster ist dem Geschmacksmuster-recht eines Mitgliedsstaats gleichgestellt. Das EU-Geschmackmuster wird *„als Vermögensgegenstand in seiner Gesamtheit und für das gesamte Gebiet der Gemeinschaft wie ein nationales Geschmackmusterrecht des Mitglieds-staats behandelt ..."*

Da das am 1. Juni 2004 in Kraft getretene Deutsche Geschmackmusterge-setz leider, trotz Proteste aus der deutschen Industrie, in einigen Punkten von der EU-Verordnung abweicht und auch in Teilen enger gefasst wurde, wird der europäische Designschutz immer häufiger bevorzugt. Dafür spricht auch, dass dieser Schutz einheitlich im gesamten Gebiet der Gemeinschaft gilt und dass, gegenüber der Anmeldung bei einzelnen EU-Ländern, der Verfahrens- und Veraltungsaufwand (z. B. nur eine einzige Anmeldung und Verfahrenssprache) und die damit verbundenen Kosten im Allgemeinen geringer sind.

5.3   Marke

Was zu Beginn über das Design und seine Bedeutung für die Produktdefi-nition gesagt wurde, gilt in gleichem Maße für die Markierung eines neuen Produktes. Ob das neue Produkt als Markenartikel geführt werden soll und wie dies mit der Markenstruktur des Unternehmens in Einklang zu bringen ist, sind Fragen, von denen der Produkterfolg in starkem Maße abhängt, und sollten daher vor der Entscheidung über den Start der Produktent-wicklung beantwortet werden.

Doch zunächst zur Begriffsdefinition[23]:

> Die *Marke* eines Produktes ist ein Name, Begriff, Slogan, Zeichen, Sym-bol, eine Abbildung, Gestaltungsform, Verpackung, farbliche Aufma-chung, Tonfolge oder Kombination aus diesen Bestandteilen, mit denen das Produkt gekennzeichnet ist, um es von anderen Produkten zu unter-scheiden.

---

23 In Anlehnung an das Gemeinschaftsmarkenrecht (siehe Abschnitt „Markenschutz").

Die Marke dient also in erster Linie der

- Identifizierung und

- Differenzierung eines Produktes, die entweder vom Hersteller oder Händler vorgenommen werden bzw. bei einem immateriellen Produkt vom Dienstleister.

Demzufolge unterscheidet man zwischen

- Herstellermarken (z. B. Persil, Nivea),

- Handelsmarken (z. B. Ikea, OBI) und

- Dienstleistungsmarken (z. B. Kienbaum-Beratung, Lufthansa-Catering).

Was die Inhalte und Eigenschaften einer Marke anbelangt, so entscheidet für den Erfolg eines Produktes einzig und allein der *Kundennutzen,* der mit der Markierung verbunden ist. Die Marke gibt dem Kunden

- die Möglichkeit der *Wiedererkennung* eines Produktes und dadurch

- eine *Orientierungshilfe* in einer immer undurchschaubareren Warenwelt,

- ein *Versprechen* bezüglich bekannter Produkteigenschaften,

- eine *Garantie* für die Einhaltung gewohnter Leistungs- und Qualitätsstandards,

- *Sicherheit* beim Kauf bezüglich des von ihm verlangten „Preisopfers" und

- das vorweggenommene Gefühl der *Zufriedenheit.*

Markenstruktur

Die Entscheidung über die Marke eines neuen Produktes richtet sich in hohem Maße nach der jeweiligen Produktstrategie (siehe Kapitel IV, 3) und damit auch nach den übrigen Marken und der Markenstruktur des Unternehmens. Diese Struktur ist üblicherweise in mehrere hierarchische Markenebenen gegliedert:

- Der Name des Unternehmens (z. B. Volkswagen AG oder -Gruppe) wird meist als *Dachmarke* für seine gesamten Produkte verwendet, selbst wenn diese für unterschiedliche Märkte und Kundengruppen bestimmt sind. Damit will man erreichen, dass das gute Image des Unternehmens und seiner Marke auf alle Produkte abstrahlt.

- Die unter der Dachmarke angesiedelten *Familienmarken* gelten für die unterschiedlichen Produktgruppen eines Unternehmens (z. B. VW, Audi, Seat, Skoda) und dienen dem Kompetenzaustausch zwischen den Familienmitgliedern und der Förderung ihres Zusammengehörigkeitsgefühls.

- Unterhalb der Familienmarken stehen in der Hierarchie die *Produktmarken* (z. B. VW: Golf, Polo, Passat, Sharan)

- mit ihren unterschiedlichen *Modellmarken* (z. B. Golf: Plus, Variant) und

- *Ausstattungsmarken* (z. B. Golf Variant: Basis, Trendline, Highline).

Markenwert

Wie wertvoll eine Marke sein kann, erfährt man mindestens einmal im Jahr, wenn Interbrand die wichtigsten Marken der Welt bewertet, um die Ergebnisse dann mit der entsprechenden Kommentierung zu veröffentlichen (siehe Abbildung 31).

Andere *regelmäßige* Bewertungsanlässe ergeben sich z. B. bei der Ermittlung von Bezugsgrößen für

- das Markenmanagement,

- die Marketing-Erfolgskontrolle,

- die Motivation und Entlohnung von Mitarbeitern oder

- die Allokation von Marketingbudgets.

Darüber hinaus gibt es Anlässe zur Markenbewertung, die sich unregelmäßig bzw. fallweise ergeben, z. B.

- beim Kauf oder Verkauf von Marken oder Unternehmen,

- beim Erwerb oder der Vergabe von Markennutzungsrechten (Lizenzen),

- bei der Sicherung von Krediten oder

- bei Schadenersatzforderungen infolge nachgewiesener Markenpiraterie.

Es gibt mehr als dreißig Verfahren der Markenbewertung, und ständig kommen neue hinzu. Das liegt hauptsächlich an der zunehmenden Bedeutung von Marken, erkennbar an der stark (allein in Deutschland jährlich um etwa 5 Prozent) wachsenden Zahl registrierter Marken und ihrem steigenden Wert. In einigen Fällen (Coca-Cola, McDonald's, BMW) beträgt er sogar mehr als 60 Prozent des Unternehmenswertes (siehe Abbildung 31).

Rang		Marke	Land	Wert in	% des
2005	2004			Mrd. Euro	U.-Wertes
1	1	Coca-Cola	USA	56,0	64
2	2	Microsoft	USA	49,8	22
3	3	IBM	USA	44,3	44
4	4	General Electric	USA	39,0	12
5	5	Intel	USA	29,5	24
6	8	Nokia	Finnland	22,0	34
7	6	Disney	USA	21,9	46
8	7	McDonald's	USA	21,6	71
9	9	Toyota	Japan	20,6	19
10	10	Marlboro	USA	17,6	15
11	11	Mercedes	Deutschl.	16,6	49
12	13	CitiGroup	USA	16,6	8
13	12	Hewlett-Packard	USA	15,7	29
14	14	American Express	USA	15,4	27
15	15	Gillette	USA	14,6	33
16	17	BMW	Deutschl.	14,2	61
17	16	Cisco	USA	13,8	13
18	44	Louis Vuitton	Frankreich	13,3	44
19	18	Honda	Japan	13,1	33
20	21	Samsung	Korea	12,4	19
28	20	Sony	Japan	8,9	32
30	31	Nike	USA	8,4	45
36	34	SAP	Deutschl.	7,5	17
45	39	Siemens	Deutschl.	6,2	11
56	48	Volkswagen	Deutschl.	4,7	39
71	69	Adidas	Deutschl.	3,3	53
76	74	Porsche	Deutschl.	3,1	58
79	81	Audi	Deutschl.	3,1	26

Abbildung 31: Bewertung von Marken durch Interbrand (2005, Auszug)

Die Marktbewertungsverfahren lassen sich anhand der Kriterien Bewertungsumfang, Abstraktionsgrad, Bewertungsperspektive, -ziele oder Herkunft einteilen (vgl. Gerpott/Thomas) in

- *finanzorientierte* Verfahren, die durch Marken ausgelöste bisher erreichte und/oder zukünftige Zahlungsströme erfassen wollen,

- *kundenpsychologische* Verfahren, die auf der Beobachtung und/oder Befragung von aktuellen oder potenziellen Kunden sowie auf der Analyse von Kaufdaten beruhen, und

- *hybride* Verfahren, die durch die Kombination kundenpsychologischer und finanzorientierter Untersuchungen zu aussagekräftigeren Ergebnissen gelangen wollen.

Die Erfahrungen, die mit der Anwendung dieser Bewertungsverfahren gemacht wurden, zeigen, dass

- die finanzorientierten Methoden häufig widersprüchliche und (bis zu 100 Prozent) unterschiedliche Ergebnisse liefern,

- die Ermittlung des Wertes aktueller Marken durchaus sinnvoll ist, dagegen bei Marken zukünftiger Produkte äußerst problematisch, da wichtige Kriterien wie Markenbekanntheitsgrad oder Markentreue nicht zur Verfügung stehen, und

- die hybriden Verfahren im Vergleich zu dem möglichen Gewinn an Zuverlässigkeit in ihrer Umsetzung zu komplex und aufwendig sind.

In der Praxis kommen daher derartige Bewertungsverfahren bisher nur sehr selten (nach einigen Untersuchungen in weniger als 5 Prozent aller Fälle) zum Einsatz. Insbesondere bei zukünftigen Produkten begnügt man sich im Allgemeinen mit Schätzungen durch interne und/oder externe Experten – wohl wissend, dass die Sorgfalt bei ihrer Auswahl über die Qualität des Bewertungsergebnisses entscheidet.

Markennamen

Da die Marke eines Produktes für seinen Erfolg von ausschlaggebender Bedeutung sein kann, ist sie auch – darauf wurde einleitend hingewiesen –

ein wichtiges Element der Produktentwicklungs-Entscheidung und damit Thema der Produktdefinition. Das gleiche gilt demzufolge für den Namen der Marke, ihrem wichtigsten, meist sogar einzigen Bestandteil (siehe Definition)[24].

Der Markenname ist nicht nur ein sehr bedeutendes Erkennungs- und Unterscheidungsmerkmal eines Produktes, sondern gibt ihm seine Individualität und ist Mittel der Kommunikation zwischen Anbieter und Nachfrager. Der Name einer Marke sollte daher u. A. folgende Eigenschaften besitzen:

- einprägsam,

- einzigartig,

- produkttypisch,

- wohlklingend,

- positiv wirkend,

- ausdrucksstark,

- international einsetzbar,

- juristisch unanfechtbar.

Bei der Suche nach einem Markennamen, der diese vielfältigen Anforderungen erfüllt, ist man in der Praxis auf die Unterstützung von Markenagenturen (Branding Agencies) angewiesen, die den Prozess der Namensfindung beherrschen. Dieser gliedert sich, wie im Folgenden beschrieben, in fünf Stufen.

---

24 Selbst die sog. *No-Name-Produkte,* die als Generika oder Weiße Ware gegenüber leistungsgleichen Markenprodukten mit großen Preisnachlässen angeboten werden, besitzen, abgesehen von der Gattungsbezeichnung (z. B. Waschpulver oder Mehl), im Regelfall einen Namen (z. B. *Ja* von Rewe, *A & P* von Tengelmann). Auch für diese Namen gilt das, was hier über Markennamen gesagt wird.

1. Wettbewerbsanalyse

Zunächst werden die Markennamen der Wettbewerber bezüglich Namenstyp, Kundenengagement und evtl. anderer Kriterien bewertet. Üblicherweise unterscheidet man zwischen folgenden Namenstypen:

- Deskriptive Namen beschreiben die wesentlichen Leistungs- und/oder Funktionsmerkmale eines Produktes (z. B. Badedas, Infoseek, Look-Smart).

- Artifizielle Namen sind frei erfundene Kunstnamen, die mit der Produktidentität kaum oder gar nicht zusammenhängen, dafür aber leichter geschützt werden können (z. B. Persil, Nivea, Twingo).

- Assoziative Namen beziehen sich auf reale Dinge und menschliche Erfahrungen und zwar im wörtlichen oder übertragenen Sinne (z. B. Netscape, Vectra, Meister Proper).

- Evokative Namen sollen Erinnerungen und Geschichten wachrufen, die mit dem Produkt, nicht aber mit persönlichen Erfahrungen in Verbindung stehen (z. B. Ocean Spray, Capri-Sonne, Tundra).

Das sog. Taxonomie[25]-Chart (siehe Abbildung 32) zeigt zusätzlich zur groben Einteilung in Namensklassen, wie unterschiedlich im Wettbewerbsvergleich Kunden das durch die Markennamen bei ihnen ausgelöste Engagement (Bedeutung, Geschichten, Assoziationen, Bilder) bewerten. Hierfür verwendet man meist eine Skala von –2 bis +5. Markennamen der Engagementstärke (ES) –2 können den Kunden also nur wenig fesseln und werden daher auch meist schnell vergessen.

2. Positionierung

In der zweiten Stufe des Prozesses wird die geeignete Position für den neuen Produktnamen gesucht und im Einklang mit der definierten Produktstrategie (siehe Kapitel IV, 3) festgelegt. Je spezifischer und nuancierter die Positionierung ist, umso wirkungsvoller wird der Name sein. Wenn er die Aufmerksamkeit der Kunden auf das Produkt und damit auch auf das Unternehmen lenken soll, wird man ihn z. B. möglichst weit entfernt von den Positionen der Konkurrenznamen platzieren.

---

25 „Taxonomie": aus *gr.* taxis „(An)ordnung" und nómos „Gesetz", in der Sprachwissenschaft die Segmentierung und Klassifikation sprachlicher Elemente.

ES	funktional	artifiziell	assoziativ	evokativ
+5		Jeep		
+4				
+3			Suburban	
+2		Hummer		Element
		Jeepster		
+1		Xterra	Amigo	Avalanche
			Aviator	Cayenne
			Sidekick	Safari
0	Land Cruiser	Unimog	Blazer	Armada
	Overland		Discovery	Frontier
	Range Rover		Defender	Highlander
	Pathfinder		Escape	Matrix
−1	4Runner	Grand Vitara	Envoy	Aztek
	Rav4	Korando	Liberty	Cherokee
			Rendezvous	Montero
			Tribute	Touareg
−2	CR-V	Terracross	Bravada	Axiom
	EVX	VehiCROSS	Escalade	
	EX		Sportage	
	LX 470			

Abbildung 32: Taxonomie-Chart (Auszug) von Sport Utility Vehicle (SUV) Namen

3. Entwicklung

Ausgehend von der angestrebten Position des Namens ist seine Entwicklung Aufgabe von Namensfindungsteams. Sie setzen sich im Allgemeinen aus unternehmensinternen und -externen Experten sowie potenziellen Kunden zusammen, und werden in ihrer Arbeit von Computern, spezieller Software, Datenbanken und durch den Einsatz geeigneter Kreativitätsmethoden (siehe Kapitel IV, 4.2) unterstützt.

4. Vorauswahl

Anschließend wird untersucht, ob und inwieweit die vorgeschlagenen Namen die geforderten Eigenschaften (siehe oben) erfüllen. Dabei bedient man sich der üblichen Bewertungsmethoden (siehe auch Kapitel IV, 4.3), und bezüglich der Registrierfähigkeit und sprachlichen sowie phonetischen Eignung wird man von Patentanwälten bzw. Linguisten unterstützt. Wie wichtig dabei die Mitarbeit guter Sprachwissenschaftler ist, zeigen die vielen Markennamen-Flops. Die meisten sind darauf zurückzuführen, dass man Namen nur aus nationaler Sicht beurteilt hat. Bei der Vermarktung in anderen Ländern erntete man dafür dann umsatz- und imageschädigende Kritik und Häme[26].

5. *Tests und Endauswahl*

In der letzten Stufe wird die Akzeptanz der (meist nicht mehr als fünf) Markennamen, die während der Vorauswahl am höchsten bewertet wurden, im Markt gründlich getestet. Schließlich wählt man dann anhand der Testergebnisse den Markennamen aus, der den größten Erfolg für das neue Produkt und das Unternehmen verspricht.

Markenschutz

Marken werden geschützt, um ihren – meist sehr hohen – Wert zu erhalten und gegen Markenpiraterie zu verteidigen. Denn gefälscht wird inzwischen alles (Luxusartikel, Zigaretten, Medikamente, Werkzeuge, Autoersatzteile usw.), und zwar mit zunehmender „Qualität". Nach Schätzungen der Zollbehörden ist durch Internationalisierung und das immer dreistere Vorgehen der Fälscher deren Anteil am Welthandelsumsatz inzwischen auf fast 10 Prozent gestiegen, was einem Wert von mehr als 500 Milliarden Euro entspricht.

Der Ruf der Markenverbände nach härteren straf- und zivilrechtlichen Sanktionen mit Mindeststrafen von einem Jahr Freiheitsentzug wird daher immer lauter, und die Zollbehörden werden von den Markenartikelherstellern immer häufiger beauftragt, gefälschte Produkte gezielt an den europäischen Außengrenzen zu konfiszieren. Die Zahl dieser Beschlagnahmungen hat inzwischen 100 Millionen pro Jahr längst überschritten.

Darüber hinaus werden zurzeit mit großem Aufwand Verfahren zur Identifikation von Produkten entwickelt und getestet. Dabei haben sich spezielle Verpackungsprägungen und der Einsatz sog. Smart Labels (bestehend aus Miniaturantenne, elektronischem Mikrochip und evtl. Batterie) für die Funkerkennung (Radio Frequency Identification,

---

26 Hier einige Beispiele vom Auto-Markt: „Jetta" (VW): *it.* ietta „Pechsträhne, Unglück"; „Nova" (Chevrolet): *sp.* no va „geht nicht"; „Uno" (Fiat): *finnl.* „Trottel"; „MR 2" (Toyota): *frz.* phonetisch merdeux „Scheißer"; „Silver Mist" (Rolls Royce): *dt.* „Unrat" statt Nebel; „Espero" (Daewo): *sp.* „ich hoffe", („... dass er fährt").

RFID) als besonders fälschungssicher und (inzwischen) auch kostenef-
fektiv herausgestellt.

Doch die wichtigste Voraussetzung für die Wirksamkeit dieser Abwehr-
maßnahmen ist, die Marke des betroffenen Produktes amtlich registrieren
zu lassen. Eine Gemeinschaftsmarke kann seit Inkrafttreten der EG-Ver-
ordnung Nr. 40/1994 (15. März 1994) – vergleichbar mit den Bestimmungen
der Designschutz-Verordnung – direkt beim Harmonisierungsamt für den
Binnenmarkt oder indirekt über das nationale Markenamt (in Deutschland
das DPMA) beantragt werden. Die Dauer des nationalen und/oder europäischen Markenschutzes beträgt zehn Jahre, kann jedoch beliebig oft um
jeweils zehn Jahre verlängert werden. Wichtig ist in diesem Zusammenhang auch, dass Marken in ihrem Schutzgebiet nicht nur zur Kennzeich-
nung von Produkten eingesetzt werden, sondern auch als Vermögensgegenstand selbständig veräußert, übertragen oder im Rahmen einer Lizenz
ganz oder teilweise, beschränkt oder unbeschränkt Dritten zur entgelt-
lichen Nutzung überlassen werden können.

5.4   Kosten- und Erlösziele

Bevor entschieden werden kann, ob sich der – meist große – Aufwand für die
Entwicklung eines neuen Produktes überhaupt lohnt, müssen die vorläufige
und recht grobe Wirtschaftlichkeitsanalyse der Ideenbewertung und -auswahl
(siehe Kapitel IV, 4.3) und die Schätzungen der entsprechenden Kosten und
Erlöse aktualisiert werden. Inputs hierfür sind die definierten Leistungsmerkmale, die grundsätzlichen Festlegungen zum Design und zur Marke des
neuen Produktes sowie die Erkenntnisse, die man aus der Entwicklung, Fertigung und Vermarktung vergleichbarer Produkte erworben hat.

Bei Unternehmen mit funktionierendem Wissensmanagement können
diese Erkenntnisse von der Datenbank abgerufen werden. Andernfalls und
eventuell zusätzlich müssen diese Inputs im Gespräch mit den entsprechenden Produktmanagern und -spezialisten gewonnen werden. Ergänzend
hierzu werden in der Praxis, insbesondere bei Kostenermittlungen, gelegentlich parametrische Methoden angewandt. Dabei werden Erfahrungs-
und Kenngrößen (Parameter) bezüglich des Einsatzes von Ressourcen und
Material in Verbindung mit mathematischen Modellen genutzt. Die
Schätzgenauigkeit hängt bei dieser Methode u. A. von der Zahl und Quan-
tifizierbarkeit der Parameter ab sowie von der Qualität des Modells[27].

Auf der Basis der aktualisierten Wirschaftlichkeitsanalyse können dann die Kosten- und Erlösziele festgelegt werden. Sie dienen als Vorgaben für die nachfolgende Produktentwicklung und -fertigung sowie für alle übrigen durch das neue Produkt ausgelösten Aktivitäten, z. B. bezüglich Materialwirtschaft, Marketing, Vertrieb, Mitarbeiterschulung, Logistik, Service und Wartung.

5.5 Konzept

Unter einem *Produktkonzept* versteht man die detaillierte Beschreibung – möglicherweise auch an Hand von Skizzen – des (noch nicht entwickelten) neuen Produktes, seiner Leistungsmerkmale, seines Kundennutzens und seiner technologischen Anforderungen.

Die von einer oder alternativen Produktidee(n) abgeleiteten Konzepte werden zunächst einem kleinen Kreis „alter" und bekanntermaßen vertrauenswürdiger Kunden, meist im Rahmen von Workshops, zur kritischen Beurteilung präsentiert. Dabei steht im Vordergrund die Erläuterung der vom zukünftigen Produkt angebotenen Funktionen und Anwendungen – auch im Vergleich zum evtl. Vorgängermodell und Produkten des Wettbewerbs. Aus dem direkten Dialog mit den potenziellen Kunden ergeben sich häufig interessante Hinweise bezüglich Präferenzen und notwendiger Änderungen.

Die Vorbereitung, Durchführung und Nachbearbeitung dieser Veranstaltungen gehören zu den Aufgaben des Produktmanagers. Als Gesamtverantwortlicher für die Produktplanung legt er dann die Konzepte – zusammen mit den Kundenempfehlungen und allen anderen Ergebnissen der Produktdefinition – der Geschäftsführung oder dem von ihr bevollmächtigten Programm Management Board (siehe Kapitel III, 3) vor, um letztendlich darüber zu entscheiden, ob ein und welches Produktkonzept – u. U. mit welchen Änderungen und zusätzlichen Auflagen – für die Produktenwicklung freigegeben werden kann (siehe Abbildung 33).

---

27 Mathematische Modelle, mit deren Hilfe Software-Entwicklungskosten (relativ genau) geschätzt werden, nutzen inzwischen mehr als dreizehn Parameter, die jeweils bis zu sieben unterschiedliche Werte annehmen können.

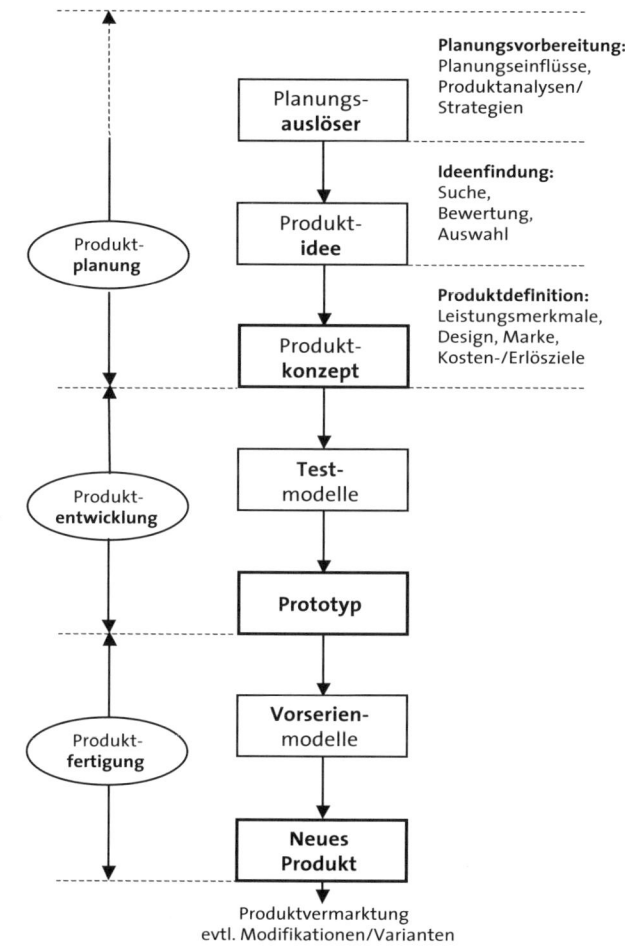

Abbildung 33: Etappen der Produktentstehungsphase

5.6   Lastenheft

Das *Lastenheft*
* fasst die Ergebnisse der Produktplanung (einschließlich die der Entwicklungsfreigabe) zusammen,

* beschreibt in „natürlicher Sprache" die entsprechenden Anforderungen, Erwartungen und Wünsche an ein neues Produkt und

* ist das Referenzdokument für die anschließende Produktentwicklung.

Das Lastenheft beschreibt also aus der Sicht des *Auftraggebers*[28], d. h. der Unternehmensleitung und indirekt des Kunden, die Forderungen an die Lieferungen und Leistungen des Auftragnehmers bzw. des mit der Entwicklung des neuen Produktes beauftragten Projektteams.

Im Folgenden die Grobgliederung eines typischen Lastenhefts:

1. Einleitung
   Hintergründe und allgemeine Beschreibung des Produktkonzepts

2. Märkte und Technologien
   Ausgangslage, Trends, Wettbewerb, Potenziale, Analysen, Strategien

3. Vertrieb
   Zielmärkte/-gruppen, Vertriebswege, Absatzpläne, Vertriebsförderung, Vertriebsschulung, Garantieleistungen, Leasing, Vermietung

4. Betriebswirtschaftliche Produktdaten
   Kosten- und Erlösziele, Wirtschaftlichkeitsanalyse, Deckungsbeiträge

5. Produktbeschreibung
   Einsatzbereiche, Leistungs-/Funktionsmerkmale/Zuverlässigkeit (Mindestanforderungen/Wünsche), Bauweisen, Bedienungsarten, Design, Schnitt-/Nahtstellen, Verpackung, Entsorgung

---

28 Demgegenüber beschreibt das Pflichtenheft (siehe Kapitel V, 1) aus der Sicht des Auftragnehmers verbindlich und in technischer Sprache, wie er die Forderungen des Auftraggebers erfüllen will. Siehe hierzu auch Norm Nr. 69905 des Deutschen Instituts für Normung (DIN).

6. Typenvielfalt
Grundtypen, Varianten, Ergänzung/Substituierbarkeit jetziger Produkte, Baureihen-/Baukastenmerkmale, Modularität

7. Vorschriften
Normen/Prüfverfahren/Datenschutz (Inland, EU, andere Absatzmärkte), Exportvorschriften, Patente, Lizenzen

8. Technischer Support
Montage, Inbetriebnahme, Service, Fernwartung, Ersatzteile, Reparatur, Technische Schulung, Demontage

9. Dokumentation
Bedienungsanleitungen, Montage-/Service-Schulungshandbücher, Datenblätter, Prospekte

10. Logistik
Lagerhaltung, Kommissionierung, Transport, Lieferfristen

11. Termine
Technische Konzeption, Entwicklungstests, Vorserie, Tests bei alten/neuen Kunden (Alpha-/Beta-Tests), Vertriebsfreigabe, Serienlieferung

V   Produktentwicklung

Für die Entwicklung eines Produktes gelten klare Anforderungen bezüglich des Ergebnisses, der Kosten und Termine (siehe Lastenheft). Diese Aufgabe ist durch Einmaligkeit, Neuartigkeit, technische und organisatorische Komplexität, interdisziplinäre Zusammenarbeit und Abgrenzung gegenüber anderen Vorhaben eines Unternehmens gekennzeichnet.

Die Produktentwicklung wird daher in der Praxis meist als Projekt (siehe Kapitel III, 6) durchgeführt, um so durch den Einsatz der entsprechenden Werkzeuge die geforderten Ergebnisse kostengünstig und zeitgerecht zu erzielen.

Die folgenden drei Abschnitte beschäftigen sich mit der Definition, Planung und Durchführung von Entwicklungsprojekten und behandeln im Einzelnen

* die Erarbeitung des *Pflichtenhefts* im Rahmen der Projektdefinition,

* Komponenten und Optimierung der *Entwicklungsplanung*,

* Schwerpunkte und Anwendungen unterschiedlicher *Entwicklungskonzepte*.

1   Pflichtenheft

Das *Pflichtenheft*
* wird auf der Basis des Lastenhefts von dem für die Produktentwicklung verantwortlichen Projektteam (Auftragnehmer) erstellt,

- beschreibt in weitgehend „technischer Sprache" möglichst präzise und vollständig die Ziele des Entwicklungsprojektes und

- ist verbindliche Arbeitsgrundlage für die Planung und Durchführung des Entwicklungsprojektes.

Der *Produktmanager* muss prüfen, ob die Umsetzung vom Lastenheft zum Pflichtenheft korrekt durchgeführt wurde, und er muss zwischen Auftraggeber und -nehmer vermitteln, um eventuelle Nichtentsprechungen zu beheben. Er entscheidet in Abstimmung mit allen Beteiligten, ob im Einzelfall auf die Erstellung eines Pflichtenheftes verzichtet werden kann, nämlich dann, wenn das Lastenheft die Entwicklungsziele hinreichend genau beschreibt. Dies kann bei „einfachen" Produkten den Entstehungsprozess beschleunigen, birgt jedoch die Gefahr, dass im Laufe der Entwicklung die Vermischung von Anforderung und Realisierung zu Konflikten zwischen den Partnern führt sowie zu Terminverzögerungen und Kostenerhöhungen. Der Wegfall des Pflichtenheftes muss daher gut begründet sein.

Die Grobgliederung des Pflichtenhefts entspricht weitgehend der des Lastenhefts. Doch im Pflichtenheft sind die zu den einzelnen Themen gemachten Aussagen und Festlegungen wesentlich umfassender und genauer. Sie werden überwiegend quantifiziert und von technischen Skizzen begleitet – auch mit dem Ziel, die (im nächsten Abschnitt beschriebenen) Arbeiten der Entwicklungsplanung, insbesondere die Erstellung der technischen Spezifikationen, zu erleichtern.

2 Entwicklungsplanung

Grundlage der Planung eines Produktentwicklungsprojekts sind die im Pflichtenheft definierten Ergebnis-, Termin- und Wirtschaftlichkeits-/Kostenziele. Die wichtigsten Planungskomponenten und -schritte werden im Folgenden kurz beschrieben.

1. *Projektstrukturplan*
Das Hauptobjekt des Projekts, d. h. das zu entwickelnde Produkt, und die entsprechenden Hauptaufgaben werden, wie in Abbildung 34 dargestellt, in technisch und organisatorisch sinnvolle Teilobjekte bzw. Teilaufgaben zerlegt und hierarchisch strukturiert.

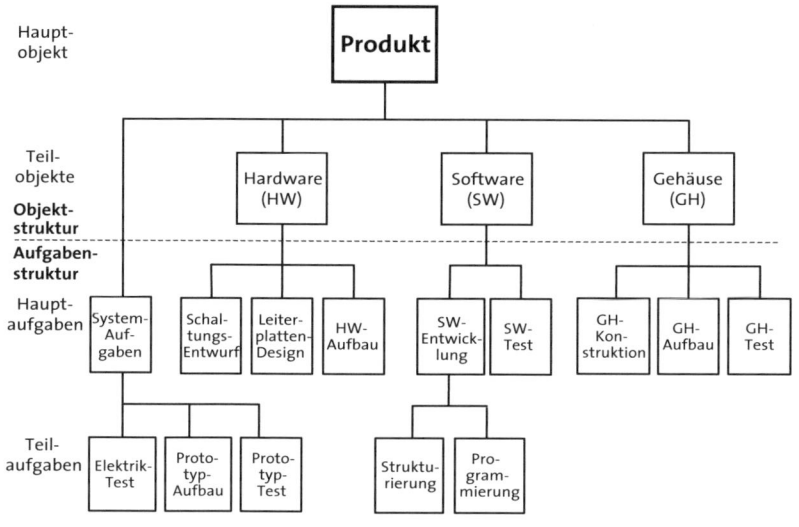

Abbildung 34: *Schematische Darstellung des Projektstrukturplans für die Entwicklung eines neuen elektronischen Gerätes*

2. Spezifikationen

Ausgehend von den Ergebniszielen und eventuellen Grobspezifikationen des Pflichtenhefts werden für das Hauptobjekt (Produkt, System, Gerät) und seine Teilobjekte (Produktteile, Untersysteme, Gerätekomponenten) die (technischen) Funktions-, Entwurfs- und Testspezifikationen erstellt. Sie beschreiben, überwiegend mit Zahlen in Verbindung mit physikalischen Einheiten, „Was?" entwickelt werden soll und wie geprüft werden soll, ob das Entwicklungsergebnis den spezifizierten Zielen entspricht.

3. Ressourcen- und Terminpläne

Mit welchen Mitteln (Womit?) und in welchem zeitlichen Ablauf (Wann?) das neue Produkt entwickelt werden soll, wird durch die Ressourcen- und Terminpläne bestimmt. Sie entstehen, indem man für die durch die Projektstrukturplanung identifizierten Aufgaben festlegt, wann diese in welcher zeitlichen Folge von wem und mit welchen Mitteln durchgeführt werden sollen. Das Ergebnis dieser Festlegung wird üblicherweise in sog. Aufgabenlisten zusammengestellt und durch Balken- und/oder Netzpläne visualisiert.

Wie in Abbildung 35 dargestellt, ist der Strukturplan (bei einer tieferen Projektgliederung gibt es zusätzlich noch Teilstrukturpläne) der gemeinsame Bezugspunkt der übrigen Planungskomponenten. Diese stehen aber, wie in der Abbildung gezeigt, untereinander in Wechselbeziehungen.

So hängen die Terminpläne für die Entwicklung eines neuen Produktes von seinen Eigenschaften und andererseits von den eingesetzten Ressourcen ab. Denn offensichtlich kann ein weniger anspruchsvolles Produkt mit geringerem Mittel- und/oder Zeitaufwand entwickelt werden. Wenn mehr Zeit zur Verfügung steht, kann die Attraktivität des Produktes z. B. durch zusätzliche Leistungsmerkmale gesteigert und/oder der Mitteleinsatz reduziert werden. Zur Optimierung der Entwicklungsplanung müssen also alle Komponenten miteinander abgeglichen werden. Diese Suche nach dem Kompromiss zwischen Ergebnis, Zeit und Aufwand beginnt natürlich schon bei der Ideen- und Konzeptfindung und setzt sich fort bei der Erstellung von Lasten- und Pflichtenheft sowie während der Planung bis hin zur Durchführung des Projekts.

Schließlich noch einige kurze Hinweise aus der Praxis der Entwicklungsplanung:

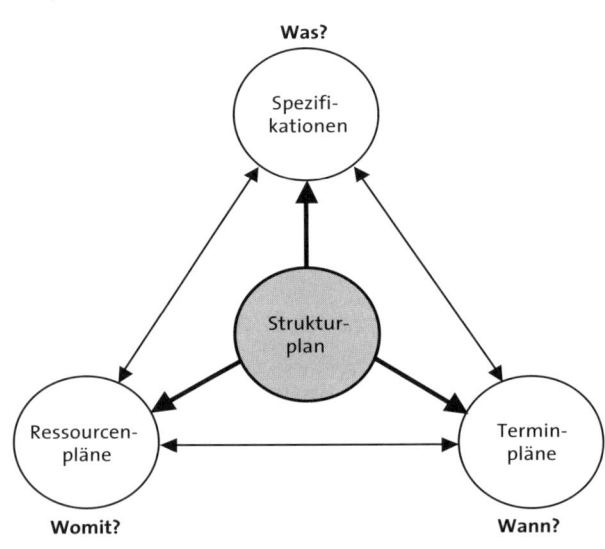

Abbildung 35: Planungskomponenten und ihre Vernetzung

- *Marktgerechte Terminierung* von neuen Produkten bedeutet nicht Produktverfügbarkeit so früh wie möglich. Denn auch wer zu früh kommt, ist unpünktlich!

- Zu vermeiden sind „Crash-Entwicklungen", wenn diese wegen fehlender Entwicklungsaufträge *teure Wartezeiten* zur Folge haben.

- Die Bearbeitung von Teilaufgaben – auch bei zeitkritischen Projekten – sollte man nur dann an externe Unterauftragnehmer vergeben (outsourcen), wenn dadurch kein (großer) *Know-how-Verlust* verursacht wird.

- Bei der Termin- und/oder Ressourcenplanung sollte man *Reserven* berücksichtigen. Ihre Größe (z. B. jeweils 10 Prozent) hängt von der Höhe des Projektrisikos ab.

- *Planungsbürokratie* sollte vermieden werden, z. B. durch kurz gefasste Entwicklungsaufträge, Verschlankung der Abstimmungs- und Genehmigungsverfahren und durch Reduzierung der Zahl der benötigten Unterschriften (im Idealfall nur zwei: die des Antragstellers und die des Projektleiters).

- Der Einsatz von *Entwicklungskonzepten* (siehe nächster Abschnitt) sollte schon bei der Planung berücksichtigt werden.

3 Entwicklungskonzepte

3.1 Simultaneous Engineering (SE)

Simultaneous Engineering (SE)
Als Simultaneous Engineering – „gleichzeitige Entwicklung" – bezeichnet man ein Produktentwicklungskonzept, das gekennzeichnet ist durch

- möglichst große zeitliche Überlappungen bei der Bearbeitung der verschiedenen Entwicklungsaufgaben sowie

- enge Zusammenarbeit und Abstimmung zwischen den Entwicklern der relevanten Fachabteilungen (z. B. Hardware, Software und Konstruktion) und den Vertretern aller übrigen am Produktentstehungs- und Vermarktungsprozess beteiligten Bereiche des Unternehmens (z. B. Fertigung, Marketing, Vertrieb, Montage und Wartung) mit dem Ziel,

• Entwicklungszeiten zu kürzen und

• spätere Produktänderungen zu vermeiden.

Wie beim Projektmanagement ist die interdisziplinäre Zusammenarbeit für SE ein wichtiges Erfolgskriterium. SE wird inzwischen bei den meisten Produktentwicklungen im Verbund mit den Regeln und Werkzeugen des Projektmanagements eingesetzt. Das war nicht immer so, wie der folgende kurze Rückblick zeigt.

Traditionell wurden Produkte in nacheinander folgenden Schritten, meist von „innen nach außen", entwickelt. Aus gekauften oder selbst entwickelten mechanischen und/oder elektrischen Einzelteilen wurden die „Innereien" (Hardware) eines Produktes zusammengebaut, getestet, eventuell verändert, bis alles funktionierte. Häufig wurde erst dann mit der Entwicklung der Software begonnen und danach ein passendes Gehäuse konstruiert. Schließlich wurde nach den letzten Tests das für die Fertigung benötigte Material bestellt, und nach Abschluss weiterer vorbereitender Aktivitäten konnte man mit der seriellen Herstellung der Produkte beginnen.

Bei dieser Vorgehensweise (im Nachhinein auch *Sequential Engineering* genannt), wurden Produktinformationen zwischen den beteiligten Stellen – wenn überhaupt – nur an den Übergabepunkten ausgetauscht, also beim „Wurf über die Mauer" (siehe Abbildung 36). Das führte häufig dazu, dass einzelne Schritte wiederholt werden mussten, wenn z. B. Hardware (Datenspeicher, -prozessoren …) und Software nicht zusammenpassten oder etwas entwickelt worden war, was man nicht oder nur mit hohem Kostenaufwand fertigen und/oder verkaufen konnte. In den meisten Fällen dauerte daher die Entwicklung wesentlich länger und war auch deutlich teurer als geplant.

Bis Ende der 1970er Jahre waren die Märkte durch nationale Regelungen weitgehend geschützt, der Wettbewerb war überschaubar und bei den meisten Produkten war die Nachfrage größer als das Angebot, so dass man sich diesen Luxus leisten konnte. Erst Digitalisierung, Internet und Globalisierung führten dazu, dass immer mehr neue Produkte in zeitlich immer kürzeren Abständen entwickelt werden mussten. Sequential Engineering wurde durch Simultaneous Engineering und Arbeitsteilung durch Projektarbeit ersetzt.

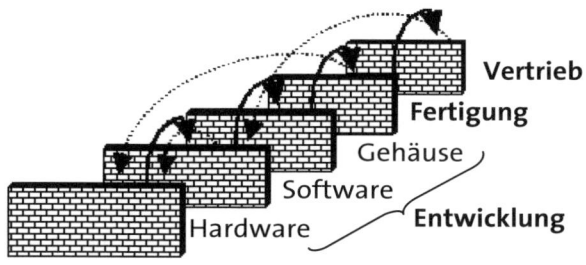

Abbildung 36: Sequential Engineering (schematische Darstellung)

Vor dieser Zeit gab es jedoch bereits als Abgrenzung zum Sequential Engineering das *Parallel Engineering*. Dabei werden zu Beginn der Entwicklung die Aufgaben an die Fachabteilungen verteilt und die Ergebnisse am Ende zu einem Produkt zusammengesetzt. Theoretisch bietet dieses Entwicklungskonzept die kürzesten Entwicklungszeiten. Doch die Praxis zeigt, dass eine einmalige Absprache zwischen den Beteiligten, insbesondere bei komplexeren und daher umfangreicheren Entwicklungsvorhaben, nicht ausreicht. Nur durch fortlaufende Abstimmung, so wie beim SE, kann sichergestellt werden, dass das am Ende des Prozesses zusammengefügte System auch funktioniert.

Hierzu gibt es aus der Geschichte der europäischen Raumfahrt ein besonders anschauliches Beispiel, nämlich die Entwicklung der ersten europäischen Trägerrakete durch die European Launcher Development Organisation (ELDO). Bei der Gründung dieser Organisation im Jahre 1963 wurden die Zuständigkeiten für die einzelnen Stufen nicht nach Know-how und Erfahrung, sondern nach der Höhe der damaligen finanziellen Beiträge vergeben: an Großbritannien mit rund 39 Prozent die erste Stufe, an Frankreich mit rund 24 Prozent die zweite Stufe und an Deutschland mit rund 19 Prozent die dritte Stufe (Italien, Belgien und die Niederlande waren für den Testsatelliten, die Bahnverfolgung und die Telemetrie zuständig). Die Rakete hieß zwar „Europa", doch europäische Zusammenarbeit fand damals noch nicht statt. Jeder arbeitete nach den zu Beginn ausgehandelten Spezifikationen ohne schlagkräftige System- und Entwicklungskoordination – also nach dem Konzept des Parallel Engineering, und das in reinster Form. Man setzte in Australien (Woomera) die Rakete zusammen und musste dann feststellen, dass die Funktionsweisen und Schnittstellen der weitgehend unabhängig voneinander entwickelten Komponenten nicht zusammenpassten.

Ergebnis:

• Die meisten der zehn Teststarts schlugen fehl.

• Die von der 1962 gegründeten European Space Research Organisation (ESRO) entwickelten Satelliten mussten von US-amerikanischen Raketen in den Weltraum befördert werden.

• ELDO stellte 1973 ihre Tätigkeiten ein, übertrug ihre Aufgaben an die ESRO, mit der sie 1975 zur jetzigen European Space Agency (ESA) fusionierte.

• ESA begann dann mit der Entwicklung der inzwischen sehr erfolgreichen Ariane-Raketen.

Bei der Ariane-Entwicklung kam verständlicherweise Parallel Engineering nicht mehr zur Anwendung, aber auch nicht Sequential Engineering. Man nutzte vielmehr die Projektmanagement- und SE-Erfahrungen der ESRO.

3.2 Low Cost Engineering (LCE)

Low Cost Engineering (LCE) ist ein Entwicklungskonzept zur Senkung der Herstellkosten eines Produktes, ohne dabei seine Leistung und Qualität zu verringern.

Dieses Konzept spielt nicht nur bei der Überarbeitung von alten Produkten eine Rolle – beispielsweise um durch Kosten- und damit Preissenkung den Absatz zu fördern –, sondern kommt auch bei der Entwicklung neuer Produkte zum Einsatz. Die ersten Labormuster und Entwurfsmodelle eignen sich meist nur zum Nachweis von Funktionsweise und Leistungsumfang, nicht aber zur Bestätigung der vereinbarten Herstellkosten. Dies gelingt erst durch weitere Entwicklungsschritte, nachdem mit Mitarbeitern der Fertigung, der Materialwirtschaft, des Einkaufs, der Installation und Wartung geprüft wurde, welche LCE-Maßnahmen umgesetzt werden sollten, so z. B.

• *Optimierung des Materialeinsatzes,* insbesondere des Bauelemente-Mix (Anzahl, Typenvielfalt, Kompatibilität),

• *Fremdbezug* von Produktteilen, die bezüglich des Know-how-Erhalts unkritisch sind,

- Reduzierung der Anzahl der *Fertigungs- und Prüfschritte,*

- Vereinfachung der *Produktmontage* in der Fertigung,

- Verbesserung der *Installations- und Wartungsfreundlichkeit* des Produktes.

Bei der Identifizierung und Umsetzung dieser und anderer Maßnahmen zur Kostensenkung werden häufig auch die Methoden und Werkzeuge der sog. *Wertanalyse*[29] eingesetzt. Dabei sind von hierfür speziell ausgebildeten Teams die Kosten jeder einzelnen Produktfunktion zu ermitteln. Anschließend sucht man nach verzichtbaren Funktionen und – zum Teil mit Hilfe von Kreativitätstechniken (siehe Kapitel IV, 4.2) – nach kostengünstigeren Lösungen für die Erfüllung der Minimalanforderungen. Die besten Lösungen werden nach einer Serie von Tests ausgewählt und anschließend implementiert. Interdisziplinäre Zusammenarbeit ist auch hier der Schlüssel zum Erfolg.

Ein Beispiel aus der LCE-Praxis:

Bei der Entwicklung eines Handapparates (Hörers) für ein neues Telefon konnte man gegenüber den Vorläuferprodukten die Materialkosten um 56 Prozent, die Montagekosten um 62 Prozent und damit insgesamt die Herstellkosten um 57 Prozent senken. Dies gelang durch die Umsetzung folgender LCE-Maßnahmen:

- Überarbeitung der Konstruktion des Handapparates, um damit die Zahl der Teile und Fertigungsschritte zu halbieren,

- Steckeranschluss für Hörerschnur (statt fester Verkabelung),

- Fremdbezug der Wandler (Hör- und Sprechkapseln) und Schließung der eigenen Wandlerfertigung,

- Reduzierung der Montagezeiten um den Faktor 10 durch Erhöhung des Fertigungsautomationsgrades und bessere Verkettung der Montageschritte.

---

29 Siehe hierzu auch DIN Nr. 69910.

3.3 Öko-Engineering

Öko-Engineering (Eco Engineering) umfasst die Planung und Umsetzung von Produktentwicklungsmaßnahmen, die dazu beitragen, dass bei der anschließenden Herstellung, Vermarktung und dem Gebrauch des Produktes die Umwelt und natürlichen Ressourcen geschont werden.

Die entsprechenden Produktentwicklungsziele sind:

* minimales *Gewicht,*

* niedriger *Energiebedarf* bei Herstellung, Handling, Transport und Gebrauch,

* geringe *Bauteilevielfalt,*

* sparsamer Einsatz unterschiedlicher *Werkstoffe,*

* verpackungssparende *Konstruktion,*

* *zerlegefreundliches* Produktkonzept,

* *Reparaturfreundlichkeit,*

* langes *Produktleben,*

* *entsorgungsfreundliche* Bauteile, Werkstoffe und Verpackung.

Bei dem letztgenannten Ziel geht es um Recycling und Downcycling von Produkten oder ihrer Teile, um zu verhindern, dass diese auf der Mülldeponie oder in der Müllverbrennungsanlage (Emissionen!) landen.

Recycling ist ein Entsorgungsprozess, bei dem Stoffe gewonnen werden, die für die Herstellung der Eingangsprodukte oder von Produkten der „gleichen Stufe" verwendet werden können.

Beispiel: Aus alten Plastikstoßstangen wird das Material (Kunststoffgranulat) für die Herstellung neuer gewonnen.

Downcycling ist ein Entsorgungsprozess, bei dem Stoffe gewonnen werden, die gegenüber den für die Herstellung der Eingangsprodukte eingesetzten Stoffen auf einer „niedrigeren Stufe" stehen.

Beispiel: Blumenkübel aus geschredderten (Kunststoff-)Armaturenbrettern.

Das Bemühen, unsere Umwelt und Ressourcen zu schonen, beginnt bei den Lieferanten der Produktwerkstoffe und -komponenten und endet beim Konsumenten. Er, wie auch die Händler und Hersteller, werden auf diesem Wege von immer strengeren Vorschriften und Gesetzen begleitet. Dabei geht es vor allem darum, Elektro- und Elektronikschrott zu vermeiden und bestimmte gefährliche Stoffe in Elektro- und Elektronikgeräten nicht (mehr) zu verwenden. Denn ihre Zahl ist in den letzten Jahren – auch aufgrund immer kürzerer Produktlebensphasen – stark gewachsen und damit auch die Abfallberge ausgedienter Geräte. Allein Deutschlands 38 Millionen Haushalte – so die Schätzungen des ZVEI (Zentralverband Elektrotechnik- und Elektronikindustrie e.V.) – produzieren jährlich 1,1 Millionen Tonnen Elektronikschrott.

Vor diesem Hintergrund hat die EU 2003 die folgenden Richtlinien erlassen:

• Richtlinie 2002/96/EG über Elektro- und Elektronik-Altgeräte (WEEE, Waste Electrical and Electronic Equipment),

• Richtlinie 2002/95/EG zur Beschränkung der Verwendung bestimmter gefährlicher Stoffe in Elektro- und Elektronikgeräten (RoHS, Restriction of the use of certain Hazardous Substances).

Diese Richtlinien wurden inzwischen von den meisten EU-Staaten in nationale Gesetze umgewandelt, in Deutschland am 1. März 2005 in das „Gesetz über das Inverkehrbringen, die Rücknahme und die umweltverträgliche Entsorgung von Elektro- und Elektronikgeräten" (ElektroG, Elektro- und Elektronikgerätegesetz).

Das bedeutet für die betroffenen Hersteller (bzw. Importeure und Wiederverkäufer), dass

• sie ab dem 24. November 2005 ihre Geräte nur auf den Markt bringen können, wenn die für den Konsumenten kostenlose Rücknahme und umweltverträgliche Entsorgung der Geräte gesichert ist,

- sie sich zu diesem Zweck bei der Stiftung Elektro-Altgeräte-Register (EAR) bis zum 23. November 2005 in Fürth (die auch die umweltverträgliche Entsorgung der Altgeräte überwacht und koordiniert) registrieren ließen,

- sie ab dem 24. März 2006 für die Organisation und Finanzierung der Logistik (ab kommunaler Sammelstellen) und Entsorgung verantwortlich sind (Soll-Verwertungsquoten: je nach Gerätekategorie 70 bis 80 Prozent),

- sie in den Verkehr gebrachte Produkte besonders kennzeichnen müssen,

- sie ab dem 1. Juli 2006 für neue Produkte die gesetzlich festgelegten Grenzwerte für bestimmte Schadstoffe wie Blei, Cadmium, Chrom und Quecksilber einhalten müssen und

- sie am 31. Dezember 2006 ihre Ist-Verwertungsquoten erstmalig nachweisen und dem EAR mitteilen müssen.

Nach groben Schätzungen verursacht die Umsetzung des ElektroG jährliche Kosten von 350 bis 500 Millionen Euro. Es wird damit gerechnet, dass diese Kosten – zumindest teilweise – durch Preissteigerungen an den Konsumenten weitergegeben werden.

VI   Produktkomplexität

1   Merkmale

Komplexität ist ein schillernder Begriff. Denn Komplexität wird subjektiv unterschiedlich empfunden und häufig mit Kompliziertheit verwechselt.

Typische Merkmale eines komplexen Systems (Produktes) sind (siehe Abbildung 37):

- seine *Öffnung* nach außen:
  Als „offenes System" steht es im Kontakt mit seiner Umgebung.
- die *Vielzahl* der Systemkomponenten (Elemente, Subsysteme),
- ihre *Variabilität:*
  z. B. in Abhängigkeit von der Zeit,
- ihre *Vernetzung:*
  Dadurch ist Informationsaustausch zischen den Systemkomponenten möglich.
- die dadurch ermöglichten *Wechselwirkungen:*
  Die Systemkomponenten können sich gegenseitig beeinflussen.
- die *Nichtlinearität* dieser Wechselwirkungen:
  Durch kleine Systemveränderungen können Phasensprünge oder spontane Zustandsänderungen ausgelöst werden (z. B. in der Digitaltechnik der binäre Übergang von 0 nach 1).
- die *Emergenz* von Systemeigenschaften, die nur aufgrund der Wechselwirkungen zwischen den Systemkomponenten entstehen, von diesen selbst aber unabhängig sind.

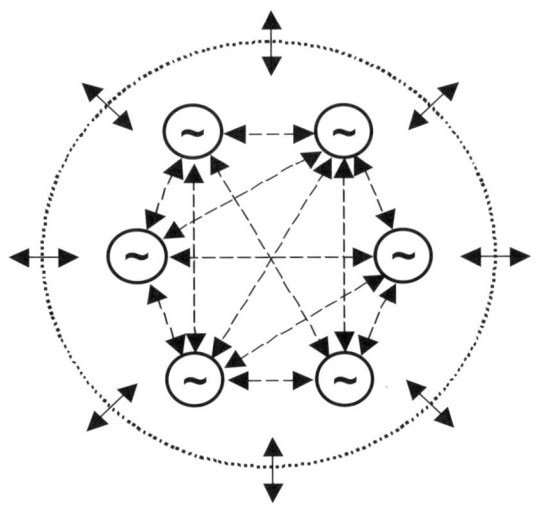

Abbildung 37: Schematische Darstellung eines komplexen Systems (Produktes)

Nicht jedes komplexe System erfüllt alle oben genannten Merkmale und wenn, dann nicht in gleichem Umfang, mit Ausnahme der Emergenz. Denn sie beschreibt als verpflichtendes Schlüsselkriterium den wesentlichen Unterschied zu komplizierten Systemen. Bei letzteren gibt es keine „Teams", die durch Wechselwirkungen bzw. Zusammenarbeit zusätzliche Leistungen hervorbringen.

Beispielsweise ein bis zum Rand gefüllter Werkzeugkasten kann ein kompliziertes (zu Deutsch „verwickeltes") System sein. Er ist aber kein komplexes System, da seine Komponenten, d. h. Zangen, Schraubenzieher, Hämmer und Schrauben, vollkommen beziehungslos im Kasten liegen und damit die durch Wechselwirkungen ausgelöste Emergenz von Systemeigenschaften nicht ermöglichen. Übrigens kann man in unserem Beispiel das System weniger kompliziert und damit überschaubarer machen, indem man den Inhalt des Werkzeugkastens auf das Wesentliche reduziert und auf die entsprechenden Fächer verteilt, d. h. Ordnung schafft.

Dagegen ist die Waschmaschine ein typischer Vertreter komplexer Systeme. Denn ihre *vielen* Komponenten (Waschtrommel, Motor, elektronische Steuerung, Sensoren z. B. zur Messung der Wassertemperatur und -menge, des Beladungsgewichts sowie der Trommeldrehzahl)

* sind *variabel*, d. h. nehmen im Laufe eines Waschgangs unterschiedliche Zustände ein,

* sind miteinander durch elektrische Kabel und/oder Wasserschläuche/-rohre bzw. mechanische Verbindungen (z. B. Antriebsriemen, Stahlfedern) *vernetzt*,

* beeinflussen sich *wechselseitig* – so wie es das gewählte Waschprogramm vorsieht,

* sind weitgehend auch *nichtlinear*, gesteuert durch elektrische Impulse,

* und sorgen durch ihr Zusammenwirken für die *Emergenz* der wichtigsten Systemeigenschaft, nämlich verschmutzte Wäsche zu reinigen.

Darüber hinaus handelt es sich, wie Abbildung 38 zeigt, bei der Waschmaschine um ein *offenes* System mit einer Vielzahl von unterschiedlichen Verbindungen zu seinem Umfeld.

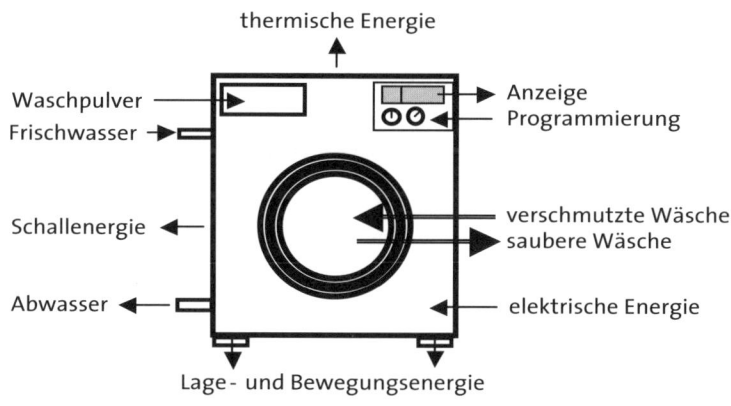

Abbildung 38: Waschmaschine: Beispiel eines komplexen Systems

2 Optimale Produktkomplexität

Die Erfüllung der Kundenwünsche bezüglich der Leistungsmerkmale und Qualität, des Preises und anderer Eigenschaften eines Produktes sind ohne ein gewisses Maß an Komplexität nicht zu erfüllen. Doch was ist nun die für ein bestimmtes Produkt optimale Komplexität? Hier die Antwort:

Optimale Produktkomplexität erreicht man

- durch strikte Erfüllung der Kundenanforderungen (äußere Produktkomplexität)

- auf möglichst einfache Weise und mit möglichst geringem Aufwand (innere Produktkomplexität).

Die äußere Komplexität wird vom Kunden bei der Nutzung des Produktes wahrgenommen (Was?), während die innere sich auf seine Realisierung (Wie?) bezieht. Beide Komponenten der Komplexität stehen zueinander in engen Wechselbeziehungen. So wird z. B. durch die Übererfüllung der Kundenwünsche nicht nur die äußere Komplexität (unnötig) gesteigert, sondern meist auch die innere, nämlich durch den zusätzlichen Aufwand. Wird andererseits die innere Komplexität durch suboptimale Arbeitsabläufe, z. B. in der Fertigung, erhöht, steigen die Herstellkosten/Preise, und das Produkt verliert u. U. seine Wettbewerbsfähigkeit.

Es geht also bei der Suche nach der für ein bestimmtes Produkt optimalen Komplexität darum, ihre beiden Bestandteile und deren Zusammenwirken (Was? Wie?) optimal zu dimensionieren (siehe nächster Abschnitt) und dabei alles Unnötige wegzulassen – ganz im Sinne des folgenden Zitats von Antoine de Saint-Exupéry: „Vollkommenheit entsteht nicht dann, wenn man nichts mehr hinzufügen kann, sondern wenn man nichts mehr wegnehmen kann."

3 Optimierungsmaßnahmen

Um teure Korrekturen zu vermeiden, sollte man mit der Optimierung der Produktkomplexität – im Abgleich mit den anderen Produkteigenschaften – schon bei der Planung und Entwicklung des Produktes beginnen. Die entsprechenden Maßnahmen, d. h. solche, die in der Produktentstehungsphase dazu beitragen, dass die Kundenanforderungen mit möglichst einfachen Mitteln erfüllt werden, sind u. A.

- die *Reduzierung der Teilevielfalt,* eine Maßnahme des Low Cost Engineering (siehe Kapitel V, 3.2),

- die Verwendung von *Standardkomponenten* (-bauteilen, -subsystemen) nach dem Baukastenprinzip und

- ein wirksames *Variantenmanagement* (siehe folgende Erläuterungen).

Ein neues Produkt wird selten für einen einzelnen, sondern für viele Kunden geplant und entwickelt. Da ihre Anforderungen sich immer häufiger und stärker voneinander unterscheiden, wächst auch der Wunsch nach immer mehr Produktvarianten. Der so generierten „äußeren" Produktkomplexität und Gefahr schrumpfender Losgrößen und Margen begegnet man in der Praxis mit Methoden des Variantenmanagements, die zur Reduzierung der „inneren" Produktkomplexität beitragen. Dazu gehören die im Folgenden vorgestellten Maßnahmen, nämlich

- der Einsatz von Plattformkonzepten,

- die Produktmodularisierung,

- die kostengünstige Auffächerung der Produktvarianten und

- die Beherrschung ihrer Vielfalt.

Plattformkonzepte helfen z. B. der Automobilindustrie, durch größere Fertigungslose, aber auch durch eine bessere Arbeitsteilung, die Stückkosten von Komponenten und Subsystemen und damit die Gesamtkosten eines Produktes zu senken. Dies geschieht, indem man bestimmte Funktionsgruppen wie Motor, Getriebe, Lenkung oder Bremsanlage für möglichst viele unterschiedliche Modelle verwendet, gegebenenfalls mit geringfügigen Veränderungen. Im Extremfall wird nur das Markenlogo ausgetauscht (engl.: badge engineering), ähnlich wie bei der Entstehung des ersten VW Polo aus dem Audi 50.

Die Möglichkeit, mit Hilfe der *Modularisierung* die Produktkomplexität zu optimieren, wird bei den meisten elektronischen Geräten, insbesondere bei Computern und Telekommunikationsanlagen, genutzt. Ihre Bauteile und

Systemkomponenten eignen sich nämlich sehr gut zur Bildung funktionaler Cluster, die durch eine relativ einfache Systemstruktur, z. B. eine zentrale Datenschiene bzw. einen Systembus, vernetzt werden können.

Abbildung 39 zeigt den typischen Hardwareaufbau dieser Geräte. Aus den einzelnen funktionalen Clustern entstehen Baugruppen, die über Steckverbinder mechanisch und elektrisch mit der Basisleiterplatte verbunden werden. Diese sorgt in vielen Fällen, so z. B. bei den meisten Telefonanlagen, lediglich für die Vernetzung der Steckkarten, ist also nicht mit Integrierten Schaltkreisen, Kondensatoren, Widerständen oder anderen elektronischen Bauteilen ausgerüstet. Eine derartige, auch Backplane genannte, Leiterplatte lässt sich natürlich wesentlich kostengünstiger herstellen als das sog. Motherboard eines Computers, das allein wegen der gewünschten Kompaktheit ebenfalls bestückt werden muss.

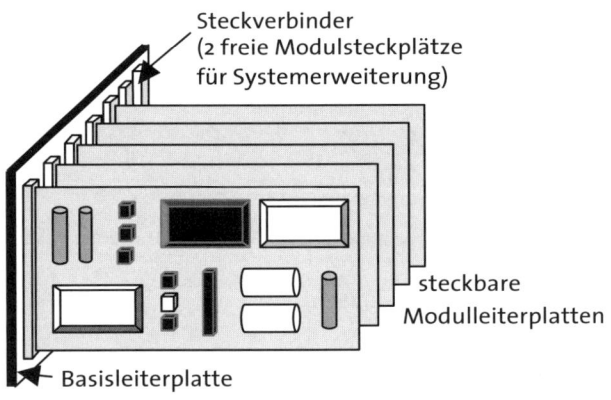

Abbildung 39: Schematische Darstellung des modularen Aufbaus eines elektronischen Gerätes

Im Folgenden einige Beispiele für die unterschiedlichen Funktionen der Steckmodule eines Computers bzw. einer Telekommunikationsanlage:

Computer

• Grafikkarte

• Soundkarte

138

- Videokarte

- Modemkarte

- Netzwerkkarte

- USB-(Universal Serial Bus-)Karte

- ISDN-(Integrated Services Digital Network-)Karte

Telekommunikationsanlage

- Systemmodul

- interner/externer Systembus

- LAN-(Local Area Network-)Anschluss

- Datenfernübertragung

- analoge Teilnehmerschaltungen

- ISDN-Teilnehmerschaltungen

- Tür-Freisprecheinrichtung

Die Modularisierung dieser und anderer elektronischer Systeme erleichtert nicht nur ihre bedarfsgerechte Konfigurierung, Umrüstung und Aufrüstung, sondern auch ihre Wartung und Reparatur, so z. B. durch die Möglichkeit, defekte Steckkarten einfach auszutauschen.

Ein anderes in der Praxis häufig eingesetztes Mittel, um den durch die steigende Zahl von Produktvarianten verursachten Aufwand zu reduzieren, ist die Entwicklung von Produktkonzepten und -architekturen, die eine kostengünstige *Variantenauffächerung* ermöglichen.

So gelingt es bei einer Vielzahl von Produkten, z. B. Computern, Telefonen, Werkzeugen, Maschinen, die unterschiedlichen, auch landesspezifischen Anforderungen auf der Software-Ebene zu erfüllen. Die entsprechenden Softwareversionen werden dabei entweder vom Hersteller oder vom Kunden geladen bzw. aktiviert. Die die Losgröße und Stückkosten bestimmende Hardware bleibt hierbei für alle Varianten die gleiche.

Darüber hinaus sorgt man durch entsprechende Konstruktionsmaßnahmen dafür, dass die variantenspezifischen Änderungen der Software und, falls erforderlich, der Hardware möglichst spät im Produktherstellungsprozess durchgeführt werden können. Im Extremfall geht es dann nur um die Anbringung der entsprechenden Hersteller- oder Produktmarke.

In dem Bestreben, alle Produktwünsche der Kunden, d. h. auch ihre außergewöhnlichsten, zu erfüllen, steigt die Zahl der Varianten, bis es in einigen Fällen zu einer regelrechten Variantenexplosion kommt. Angesichts des hierdurch verursachten Gewinneinbruchs zieht dann das Management des Unternehmens oder des zuständigen Produktbereichs die Reißleine und setzt ein Projektteam ein, um in wenigen Wochen die Zahl der Produktvarianten auf das vereinbarte Ziel zurückzuführen. Das Team wird nach Abschluss ihres Projektes wieder aufgelöst, und der unkontrollierte Wildwuchs alter Zeiten beginnt von neuem (siehe Abbildung 40).

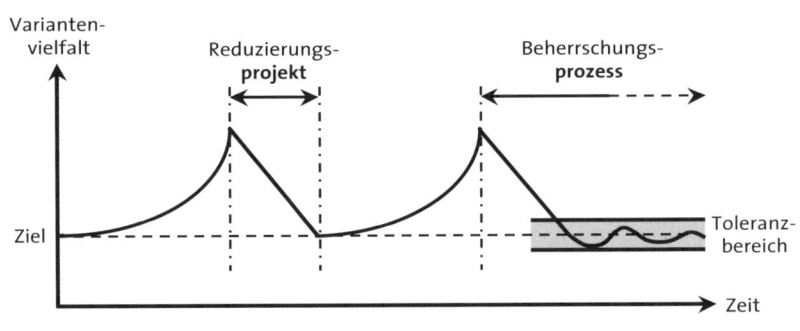

Abbildung 40: Projekt zur Reduzierung der Variantenvielfalt und Prozess zu ihrer Beherrschung

Abhilfe schaffen hier nicht Projekte zur Reduzierung der Variantenvielfalt, sondern ein bis an das Ende des Produktlebens andauernder Prozess, mit dem Ziel, die Variantenvielfalt zu beherrschen, d. h. sie innerhalb eines bestimmten Toleranzbereichs zu halten. Dazu benötigt man klare und objektive Kriterien zur Unterscheidung zwischen „nützlichen" und „schädlichen" Produktvarianten. Denn nicht alle steigern außer Umsatz und Kosten auch den Ertrag des Unternehmens.

So hat z. B. ein Hersteller von Telefonen im Rahmen von Sanierungsmaß-
nahmen 75 Prozent seiner Varianten, die insgesamt lediglich 5 Prozent des
Umsatzes abdeckten und nur einige Nischenmärkte bedienten, gestrichen.
Für die verbliebenen Produktvarianten wurde ein Plattformkonzept entwickelt und die Zahl der Bauteile auf ein Siebtel reduziert.

4 Komplexitätskosten

Die Vielfalt von Produktvarianten zu beherrschen, bedeutet, von Fall zu
Fall zu entscheiden, ob – insbesondere bei wachsender Konkurrenz aus
Niedriglohnländern – die zusätzliche Differenzierung dem Unternehmen
Wettbewerbsvorteile und Ertragszuwachs bringt. Wichtige Grundlage die-
ser Entscheidung ist eine genaue Kenntnis der durch die vorgeschlagene
Produktvariante und die entsprechende Komplexitätssteigerung verursach-
ten Kosten. Diese gliedern sich in

Direkte (d. h. der Produktvariante direkt zurechenbare)

- *einmalige Kosten:* u. A. für
  - Entwicklung variantenspezifischer Produktkomponenten und -teile,
  - Variantenmerkmale (z. B. das Design betreffend),
  - neue Werkzeuge (z. B. für die Herstellung von Kunststoffteilen),
  - zusätzliche Testmodelle und Erprobungen,

- *dauerhafte* (während der gesamten Lebensdauer der Produktvariante
  anfallende) Kosten: u. A. für
  - Kundendienst,
  - Qualitätssicherung,
  - Lagerhaltung,
  - Produktdokumentation,
  - Schulungen.

Indirekte Kosten (insbesondere Opportunitätskosten[30]): u. A. verursacht
durch

- höhere Koordinationsverluste und damit geringere Effizienz des Produktmanagements,

---

30 Opportunitätskosten entstehen durch den Verzicht auf Handlungsalternativen.

- entgangene Deckungsbeiträge wegen zusätzlicher Engpässe in der Fertigung und/oder Logistik,

- die von neuen Produktvarianten ausgelöste Kannibalisierung des bestehenden Produktprogramms, meist ohne dadurch zusätzliche Marktanteile zu gewinnen.

Vor der Entscheidung über eine neue Produktvariante muss außer der Analyse der Komplexitätskosten auch ihre Zurechnung festgelegt werden. Diese ist nur dann richtig (siehe Abbildung 41), wenn die Produkte mit geringeren Absatzmengen auch die entsprechend höheren Stückkosten tragen, wenn also die Exoten nicht von den Standardprodukten subventioniert werden. Steigende Preise und geringere Absatzmengen oder geringere Margen wären die Folge der falschen Kostenzurechnung und bedeuteten, wenn diese Verluste nicht durch höhere Erträge der Exoten ausgeglichen werden können, schließlich den Rückgang des Unternehmensgewinns.

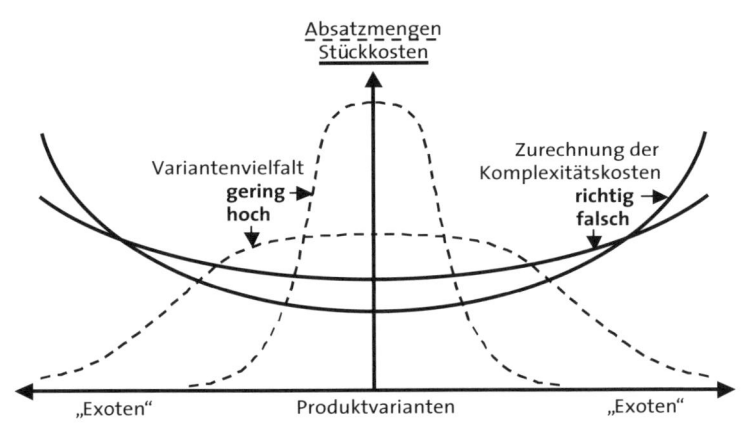

Abbildung 41: Produktabsatzmengen (Häufigkeitsverteilungen) und Stückkosten (hohe Variantenvielfalt) mit richtiger und falscher Zurechnung von Komplexitätskosten (nach Meffert)

VII Produktqualität

Nach der von der Internationalen Standardisierungs-Organisation (International Organization for Standardization, ISO) Ende 2005 veröffentlichten Norm EN ISO 9000:2005 ist Qualität „der Grad, in dem ein Satz inhärenter (einer Einheit innewohnender) Merkmale Anforderungen erfüllt". Bezogen auf Produkte lässt sich daraus folgende Definition formulieren:

Produkt*qualität* bezeichnet den Grad der Übereinstimmung zwischen den Produkteigenschaften und den Produktanforderungen.

Bezüglich Leistungsumfang und Funktionalität werden sich konkurrierende Produkte einer bestimmten Preisklasse immer ähnlicher. Kaufentscheidend ist daher in zunehmendem Maße – neben Design und Marke – die Qualität eines Produktes. Wie wichtig es daher ist, sich mit der Produktqualität schon während der Planung zu beschäftigen, ist Thema des nächsten Abschnitts, gefolgt von Ausführungen zum Qualitätsmanagement und zu typischen Vertretern seiner aktuellen Methoden.

1 Produktfehler

Die meisten Produktfehler finden ihren Ursprung während der Produktplanung und -entwicklung, werden aber leider erst (siehe Abbildung 42) während der Fertigung, der anschließenden Tests und der Markteinführung des Produktes entdeckt und behoben. Dann aber sind die Korrekturkosten am höchsten (siehe Abbildung 43). Qualitätsmanagement und seine Maßnahmen müssen also sicherstellen, dass Produktfehler früh erkannt und behoben – im Idealfall vermieden – werden.

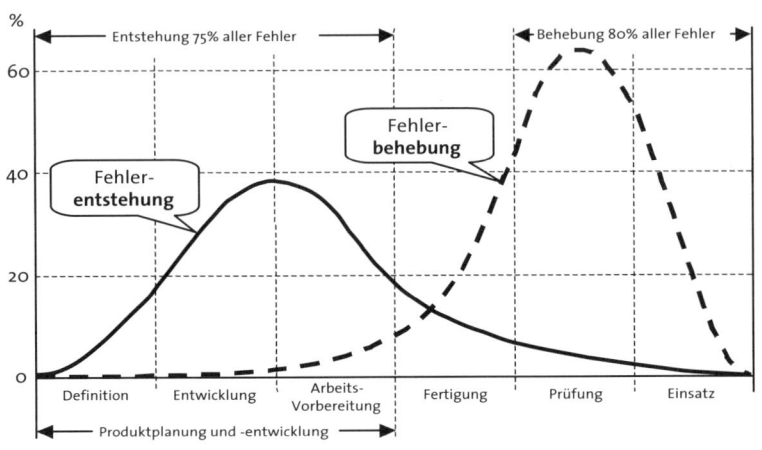

Abbildung 42: Entstehung und Behebung von Produktfehlern: Kostenanteilige Fehlerquoten in Prozent (nach Zink)

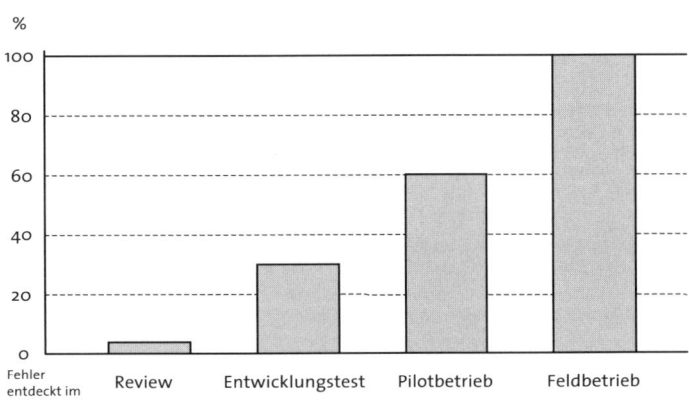

Abbildung 43: Aufwand für die Korrektur eines Produktfehlers in Abhängigkeit vom Zeitpunkt seiner Entdeckung: Relativ zum Korrekturaufwand im Feldbetrieb (nach Zink)

2 Qualitätsmanagement

2.1 Anfänge

Wie gut etwas ist, wie lange es hält und inwieweit es die Erwartungen erfüllt, hat den Menschen in seinem Bestreben nach Lebenserhaltung und -verbesserung immer interessiert, vor allem aber, seitdem er mit seinen landwirtschaftlichen und selbst gefertigten Waren Handel betrieb. Aus dieser Zeit stammt auch die Urform der Qualitätsprüfung, nämlich die Begutachtung von Waren durch den Kunden unter zu Hilfenahme seiner Sinnesorgane. Noch heute ist es – inzwischen auch in Deutschland – üblich, dass auf dem Markt vor der Kaufentscheidung z. B. Früchte mit Augen, Nase und Fingern, gelegentlich sogar mit dem Hörsinn und beim Probieren auch mit dem Geschmackssinn geprüft werden.

Daneben spielte und spielt bei der Beurteilung der Produktqualität die Reputation des Herstellers bzw. Anbieters eine große Rolle. Auch heute weiß man – und wenn nicht, erkundigt man sich –, welcher Bäcker in der Stadt die besten Brötchen backt und welcher Handwerker gut oder schlecht arbeitet.

Die ersten Qualitätsmanagementkonzepte verdanken wir den Zünften und Gilden der Handwerker bzw. Kaufleute. Diese ständischen Gruppierungen, die seit dem Mittelalter bis ins 19. Jahrhundert aus freiwilligen Zusammenschlüssen oder auf Anordnung des Stadtherrn (Zunftzwang) entstanden, regulierten und kontrollierten die Güte und Garantiebestimmungen der in ihrem Zuständigkeitsbereich angebotenen Waren und abgeschlossenen Handelsverträge. Aus dieser Zeit stammen die ersten Spezifikationen für Produktmaterialien, Herstellungsprozesse und Erzeugnisse, die ersten Befähigungstests für die Anwärter auf eine Mitgliedschaft in einer Zunft oder Gilde sowie die ersten Produktexportkontrollen.

Als dann während des 18. Jahrhunderts in England – später auch in anderen Ländern Europas und in Nordamerika – die Industrialisierung begann, wich die individuelle handwerkliche Herstellung von Produkten immer mehr der Serienfertigung. Dabei wurde das aus dem Handwerk stammende Qualitätsmanagementkonzept zunächst übernommen, d. h. Produktqualität hing in erster Linie von den persönlichen Fähigkeiten der Fabrikarbeiter und -meister ab. Mit wachsender Automatisierung wurden dann schrittweise personenunabhängige Standards für Fertigungsprozesse, Produkte und deren Qualität eingeführt, und es entstanden die ersten Kontrollvorschriften sowie die entsprechenden Messinstrumente und Prüflabors.

Doch erst Ende des 19. und zu Beginn des 20. Jahrhunderts kam es im Rahmen der vom US-Amerikaner Frederick W. Taylor (1856–1915) eingeführten Arbeitsteilung zur Gründung der ersten eigenständigen Qualitätsabteilungen. Mit dieser organisatorischen Maßnahme war der erste Schritt in Richtung eines modernen Qualitätsmanagement getan – getreu dem Ausspruch von Albert Einstein: „Die Probleme, die es in der Welt gibt, können nicht mit den gleichen Denkweisen gelöst werden, die sie erzeugt haben."

2.2 Qualitätskontrolle

Produkt*qualitätskontrolle* ist ein am Ende des Herstellungsprozesses eingesetztes Verfahren, bei dem geprüft wird, inwieweit das einzelne Produkt die spezifizierten Anforderungen erfüllt, um dann zu entscheiden, ob es für die Vermarktung geeignet ist.

Bei dieser Endkontrolle werden fehlerhafte Produkte zwar aussortiert, jedoch ohne Analyse der Fehlerursachen und ohne daraus Erkenntnisse für eventuell notwendige Veränderungen des Produktes und/oder des Fertigungsverfahrens zu ziehen. Die Produktqualität kann hier also nur durch Einengung der Prüfanforderungen verbessert werden und demzufolge durch größeren Ausschuss bzw. Nachbesserungsbedarf.

Dieses Konzept, bei dem die funktionalen Unternehmensbereiche hintereinander ihren Beitrag vollkommen losgelöst von der Arbeit der anderen Bereiche leisteten, bis der letzte in der Wertschöpfungskette sich schließlich um die Qualität des Produktes kümmerte, wurde noch bis zu Beginn der zweiten Hälfte des letzten Jahrhunderts eingesetzt. Nur in Ausnahmefällen wurden dabei auf Grund statistischer Erfassung und Auswertung der Kontrollergebnisse Lehren für die Arbeit der vorgelagerten Bereiche gezogen und an diese weitergegeben.

2.3 Qualitätssicherung

Erst die gesteigerten Qualitätsanforderungen der Waffenindustrie des zweiten Weltkriegs – die Produkte wurden komplexer und von ihrer Zuverlässigkeit hingen, so makaber es klingt, Leben und Tod ab – legten den Grundstein für die nächste Stufe des Qualitätsmanagements, die Qualitätssicherung.

Produkt*qualitätssicherung* ist ein unternehmensinterner Prozess der Prüfung und Überwachung der – von den einzelnen Gliedern der Wertschöpfungskette zu erbringenden – Beiträge zur Sicherung der geforderten Produktqualität.

Alle an der Produktherstellung beteiligten, vorwiegend technischen, Bereiche sind von diesem Prozess betroffen, und durch entsprechende Rückkopplungen kommt es zur Qualitätsverbesserung durch *Vorbeugung* (anders als bei der Qualitätskontrolle).

Typische Elemente der Qualitätssicherung sind:

- *Erstbemusterung:* Nach Prüfung der ersten Produktmuster auf Einhaltung der spezifizierten Qualitätsanforderungen wird das Produkt zur Fertigung freigegeben.

- *Wareneingangsprüfung:* Waren werden unmittelbar nach Erhalt auf Erfüllung der Liefervertragskonditionen geprüft. Über eventuelle Mängel hat der Käufer nach § 377 Abs. 1 des Handelsgesetzbuches (HGB) „dem Verkäufer unverzüglich Anzeige zu machen".

- *Lieferantenbewertung:* Die aus der Wareneingangsprüfung gewonnenen Erkenntnisse dienen auch der Bewertung der Lieferanten nach Lieferqualität und Termintreue. Das Ergebnis dieser Bewertung ergibt die sog. Qualitätszahl, nach der Lieferanten in die Qualitätsklassen A, B, und C eingeteilt werden.

- *Fertigungsprüfung:* An Hand von Losprüfungen wird der Fertigungsprozess auftrags-, kundenbezogen oder aus statistischen Gründen überwacht.

- *Prüfmittelverwaltung:* Die Verfügbarkeit von Prüfmitteln für eine möglichst genaue und objektive Messung sowie Bewertung der relevanten Produkteigenschaften wird sichergestellt.

- *Dokumentation:* Die Prüfergebnisse werden in geeigneter Form dokumentiert und archiviert. Die Fristen für die Aufbewahrung sind gesetzlich geregelt.

2.4   Six Sigma

> Six Sigma (6σ) ist eine Methode des Qualitätsmanagement, um Prozesse (z. B. der Produktfertigung) so zu verbessern, dass ihre Outputs (z. B. Produkte) nahezu fehlerfrei sind.

Die *Hauptziele* des Einsatzes dieser Methode sind

• größere Kundenzufriedenheit,

• kürzere Fertigungszeiten,

• Kostenreduzierung und damit

• höhere Unternehmensgewinne.

„Null Fehler"

Betrachtet man die uns vertrauten Abläufe des täglichen Lebens, so akzeptieren wir ohne Murren, dass z. B. bei einhundert Bahnfahrten der Zug einmal nicht pünktlich ist – wir sprechen sogar von großer Zuverlässigkeit – oder wir bei einhundert Broteinkäufen einmal auf unsere zweite Wahl ausweichen müssen, weil unser Lieblingsbrot nicht mehr vorrätig ist. Hier geben wir uns also mit einer Fehlertoleranz von 1 Prozent durchaus zufrieden.

Diese Einschätzung ändert sich jedoch grundlegend, wenn wir kontinuierliche Prozesse und solche mit wesentlich größeren Repetitionsraten und/oder ernsthafteren Fehlerkonsequenzen betrachten. Denn 1 Prozent Fehler würde z. B. bedeuten[31]:

• 14 Minuten am Tag unsauberes Trinkwasser,

• 7 Stunden im Monat ohne Elektrizität,

• 200.000 falsch ausgestellte Rezepte von insgesamt 20 Millionen im Jahr,

---

31 Siehe auch F.A.Z. vom 19. Juli 2004, „99 Prozent fehlerfrei ist nicht genug".

- 5.000 sog. Kunstfehler bei 500.000 chirurgischen Eingriffen pro Woche,

- 5 unsichere Flugzeuglandungen bei insgesamt 500 am Tag.

Bei Anwendung der Six-Sigma-Methode ergeben sich, wie im folgenden Abschnitt erläutert, Fehlerraten von 3,4 pro eine Millionen Möglichkeiten – also praktisch Null Fehler –, was einer Ausbeute von über 99,999 Prozent entspricht. Das würde bei den oben genannten Beispielen die Zahl der Fehler auf ein akzeptables Niveau senken, nämlich auf

- jährlich 1,8 Minuten unsauberes Trinkwasser,

- 1 Stunde Stromausfall in 34 Jahren,

- 68 fehlerhafte Rezepte im Jahr,

- wöchentlich 1,7 Kunstfehler bei chirurgischen Eingriffen,

- 1 unsichere Landung alle 1,6 Jahre.

Statistische Definition

Stellt man die für die Outputs eines Serienprozesses (z. B. Fertigungsprozesses) ermittelten Messwerte einzelner Parameter (z. B. Produktlänge)

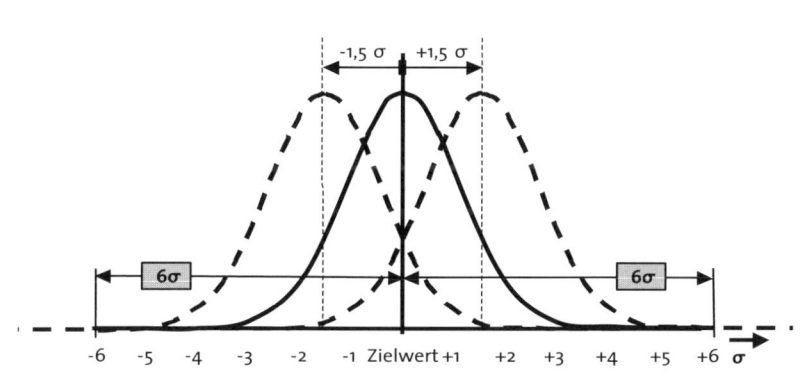

Abbildung 44: Glockenkurve der Gaußschen Normalverteilung, durch Langzeiteffekte verschoben um ±1,5σ

149

oder bestimmter Parameterkombinationen (z. B. Produktvolumen) grafisch dar, erhält man jeweils die bekannte Glockenkurve der *Normalverteilung*. Diese vom Mathematiker C. F. Gauß 1794 gefundene Wahrscheinlichkeitsverteilung ist definiert durch den Erwartungs- bzw. Zielwert der Messreihe und den statistischen Index für ihre Streuung oder Variation. Dieser Index wird Standardabweichung (vom Erwartungswert) genannt und mit dem griechischen Buchstaben σ (Sigma) bezeichnet.

Berücksichtigt man, dass diese Kurve sich aufgrund der in der Praxis ermittelten Langzeiteffekte (z. B. mechanische Abnutzung beweglicher Teile von Produktionsmaschinen) um $\pm 1{,}5\sigma$ von ihrem ursprünglichen Zielwert verschieben kann (siehe Abbildung 44), ergibt sich für eine entsprechende Links- oder Rechtsverschiebung folgende Tabelle:

σ	DPMO	Ausbeute (%)
1	691.462	30,85375
2	308.538	69,14625
3	66.807	93,31928
4	6.210	99,37903
5	233	99,97673
6	3,4	99,99966

Abbildung 45: Fehler pro eine Million Möglichkeiten (defects per million opportunities, DPMO) und prozentuale Ausbeute in Abhängigkeit von der Standardabweichung σ

Anwendung

Die Six-Sigma-Methode wird je nach Unternehmensgröße und -typ und je nachdem, ob es sich um die Entwicklung neuer oder um die Verbesserung bestehender Prozesse handelt, unterschiedlich umgesetzt. In den häufigsten Fällen geht es um Prozessverbesserungen, die man, wie im Folgenden kurz erläutert, in den fünf Schritten Define – Measure – Analyse – Improve – Control (DMAIC) zu erzielen versucht.

1. Define

Definiere die Kunden, ihre qualitätskritischen Anforderungen (Critical to Quality – CTQ – issues) und den entsprechenden primären (Kern-) Geschäftsprozess (Core Business Process, CBP).

- Definition der Profile, Anforderungen und Erwartungen der Kunden,

- Definition der wichtigsten Prozessparameter und -randbedingungen,

- Definition des Geschäftsprozesses, der verbessert werden soll (einschließlich Prozessmodellierung).

2. Measure

Messe die Leistungsfähigkcit des Geschäftsprozesses.

- Entwicklung des Plans für die Erfassung der entscheidenden Prozessdaten,

- Datenerfassung von unterschiedlichen Quellen zur Bestimmung von Fehlertypen und -raten,

- Datenvergleich mit den Ergebnissen der Kundenrecherchen zur Ermittlung von Defiziten.

3. Analyze

Analysiere die gesammelten Daten und den Prozessablauf zur Aufspürung von Fehlerursachen und Verbesserungsmöglichkeiten.

- Identifikation von Unterschieden zwischen aktuellen Werten und den entsprechenden Zielgrößen,

- Bewertung und Strukturierung der Verbesserungsmöglichkeiten,

- Lokalisierung von Änderungsansätzen und -ausgangspunkten.

4. Improve

Verbessere den Zielprozess durch die Definition und Umsetzung kreativer Maßnahmen zur Lösung der aktuellen und zur Vermeidung zukünftiger Probleme.

- Entwicklung innovativer Problemlösungen unter Nutzung aller zu Verfügung stehenden Ressourcen des Unternehmens (Personal, Technik, Finanzen etc.),

- Planung und Umsetzung der Lösungsvorschläge.

5. *Control*

Kontrolliere die Verbesserungen und sorge dafür, dass der Prozess auf dem neuen Kurs bleibt.

- Einsatz vorbeugender Maßnahmen gegen Rückfälle in alte Zeiten,

- Entwicklung, Dokumentierung und Umsetzung eines Plans für die fortlaufende Überwachung,

- Verankerung der Prozessverbesserungen im Unternehmen durch System- und Strukturveränderungen, z. B. bei Rekrutierung, Schulung und Motivierung von Personal.

Auf die Durchführung von Six-Sigma-Projekten werden die Teilnehmer durch standardisierte Schulungen entsprechend ihren Anforderungen vorbereitet. Nach erfolgreichem Abschluss werden diese Mitarbeiter unterschiedlichen Gruppen zugeordnet und in einigen Unternehmen auch mit den entsprechenden Anstecknadeln bzw. Markierungen ihrer Personalmarke (badge) ausgezeichnet. Die Einteilung in Gruppen sowie die Rechte und Pflichten ihrer jeweiligen Mitglieder orientieren sich an japanischen Kampfsportarten, wie z. B. dem Judo:

- *Master Black Belt:*
  Träger dieses Gürtels gehören zu den Ranghöchsten. Sie führen als Vollzeitkräfte Schulungen durch, coachen Projekte und leiten Reviews.

- *Black Belt:*
  Auch die Träger des Schwarzen Gürtels sind vollzeitig als Six-Sigma-Experten beschäftigt. Sie leiten Projekte, die anspruchsvoll sind und/oder sehr große Einsparungsziele haben.

- *Green Belt:*
  Der Grüne Gürtel befähigt zur Führung kleinerer Six-Sigma-Projekte. Sein Träger ist eine Six-Sigma-Teilzeitkraft.

- *Yellow Belt:*
Der Träger des Gelben Gürtels ist ein Mitarbeiter mit nachgewiesenen Six-Sigma-Grundkenntnissen.

Praxiseinsatz

Die heutige Six-Sigma-Methode wurde Anfang der 1980er Jahre von Motorola entwickelt, und zwar als Antwort auf die Forderung des damaligen CEO, die Fehlerraten innerhalb von fünf Jahren um ein Zehnfaches zu verringern. Für die Entwicklung der neuen Methode orientierte man sich an Qualitätsmanagementkonzepten, die seit Anfang der 1970er Jahre in der japanischen Schiffsbau-, Elektronik- und Konsumgüterinsustrie praktiziert wurden. Mit Hilfe der Six-Sigma-Methode gelang es damals Motorola, nachweislich 16 Milliarden US\$ einzusparen. Das war das Startzeichen für den Siegeslauf dieser Methode – seit Beginn der 1990er Jahre in den USA, um die Jahrtausendwende in Europa und dann in der übrigen Welt.

Inzwischen wird die Six-Sigma-Methode – unter dem steigenden Wettbewerbsdruck und als Antwort auf wachsende Qualitätsanforderungen – nicht nur in der Großindustrie eingesetzt, sondern auch bei mittleren Unternehmen. Häufig werden sie hierzu von den großen Unternehmen durch die in den Lieferverträgen festgelegten Konditionen aufgefordert/gezwungen. Das „Six-Sigma-Fieber" hat mittlerweile alle Branchen erfasst, nicht nur die fertigungsintensiven, wie die Automobilindustrie, sondern z. B. auch Finanzdienstleister sowie Beratungs- und Logistikunternehmen.

2.5   Kaizen

Kaizen[32] ist ein Qualitätsmanagementkonzept, dessen Ziel es ist, durch ständige Verbesserung von Prozessen (z. B. der Herstellung von Produkten) die Qualität ihrer Outputs (z. B. Produkte) zu steigern.

Nach Parkinsons Gesetz[33] beginnt der Niedergang einer Organisation mit der Fertigstellung des Gebäudes, in dem sie untergebracht wird. So geht es

---

32 In der freien Übersetzung aus dem Japanischen bedeutet *Kai* „Veränderung, Wandel" und *Zen* „zum Besseren".

33 C. Northcote *Parkinson:* Parkinsons Gesetz. 1957 Cambridge.

auch den Produkten. Aufgrund ständig wachsender Kundenanforderungen beginnt der Attraktivitätsverfall eines Produktes am Tag seines Vermarktungsbeginns. Dieser Verfall lässt sich, wie in Abbildung 46 dargestellt, durch gelegentliche Innovationsschübe allein nicht verhindern. Man muss vielmehr zusätzlich, entsprechend dem Kaizen-Konzept, ständig die relevanten Produktprozesse und -eigenschaften verbessern.

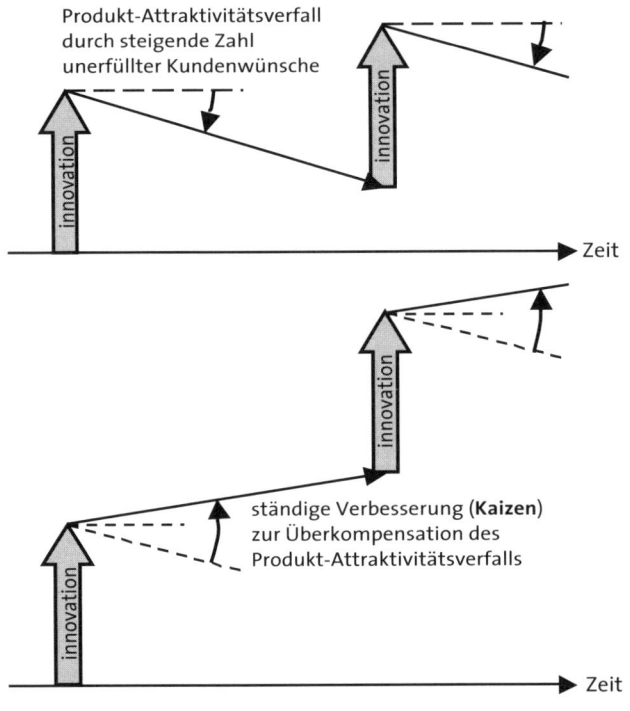

Abbildung 46: Kaizen gegen den Attraktivitätsverfall von Produkten

Wichtigste Voraussetzung für das Gelingen dieser schrittweisen Qualitätsverbesserung ist, dass – vom Topmanagement bis zu den Arbeitern – alle Mitarbeiter einbezogen werden. Sie sind die eigentlichen Akteure bei der Umsetzung des Konzeptes. Ihr Qualitätsbewusstsein muss daher durch ständige und intensive Aus- und Weiterbildung sowie Arbeit in Qualitätszirkeln gefördert werden.

Eine weitere Voraussetzung für den Erfolg von Kaizen ist, dass die Unternehmenskultur Kaizen-freundlich ist. Sie soll zulassen und dazu aufrufen, dass Mitarbeiter Eigeninitiative ergreifen, ihre Fehler eingestehen sowie Probleme erkennen und melden.

Jeder Mitarbeiter ist für einen bestimmten Teil des Prozesses (z. B. der Fertigung) verantwortlich. Den überwacht er auf eventuelle Fehler und initiiert zu deren Vermeidung die entsprechenden Verbesserungen. Wichtig dabei ist, dass der jeweils erreichte Stand als Ausgangspunkt weiterer Verbesserungsschritte dokumentiert wird. Auf diese Weise wird dafür gesorgt, dass das Know-how und die Erfahrungen des einzelnen Mitarbeiters dem Unternehmen nicht verloren gehen und zur Verbesserung der Prozessstandards genutzt werden können. Diese Standards werden in dem für Kaizen charakteristischen SDCA-Zyklus von „Standardize, Do, Check, Act", d. h. von Standardisierung, Tätigkeit, Kontrolle und Korrektur ständig analysiert, überprüft und weiterentwickelt.

Typisch für Kaizen sind auch die vielen Maßnahmen- und Checklisten.

Hier einige Beispiele:

5 S

Die fünf Stufen zur Schaffung eines sauberen, sicheren und standardisierten Arbeitsplatzes sind:

- *Seiri* (Strukturierung),

- *Seiton* (Systematisierung),

- *Seisô* (Reinigung),

- *Seiketsu* (Standardisierung),

- *Shitsuke* (Selbstdisziplin).

7 M

Die sieben wichtigsten Faktoren, die immer wieder überprüft werden müssen, sind:

- *Mensch,*

- *Maschine,*
- *Messung,*
- *Material,*
- *Methode,*
- *Milieu,*
- *Management.*

7 W

Die sieben W-Fragen des Handelns sind:
- *Wer* macht es?
- *Was* ist zu tun?
- *Warum* macht er es?
- *Wann* wird es gemacht?
- *Wo* soll es getan werden?
- *Wie* wird es gemacht?
- *Wieso* wird es nicht anders gemacht?

3 Mu

Zu vermeiden sind:
- *Mu*da (Verschwendung),
- *Mu*ri (Überlastung),
- *Mu*ra (Unregelmäßigkeit).

Die Erfindung von Kaizen geht zurück, so wird berichtet, auf einen Kompromiss zur Lösung einer wirtschaftlichen Krise des Automobilherstellers Toyota in den 1950er Jahren. Um den Personalabbau von 15 Prozent durchsetzen zu können, sicherte der damalige Produktionsleiter Taiichi Ohno (1912–1990) den übrigen Mitarbeitern zu, sie zukünftig nicht zu entlassen, auch nicht wegen mangelnder Qualifikation. Aufgrund dieser Zusage sah sich dann Toyota veranlasst, die Mitarbeiter ständig weiterzubilden. Im Gegenzug wurden sie aufgefordert, Initiativen zur Qualitätsverbesserung zu entwickeln. Aus dieser Vereinbarung soll dann das Kaizen-Konzept entstanden sein.

Einige Elemente und Facetten dieses Konzeptes, das hier lediglich sehr verkürzt dargestellt werden konnte, sind sicherlich nur vor dem Hintergrund der japanischen Kultur und Tradition zu verstehen und lassen westliche Beobachter zuweilen schmunzeln. Typische Beispiele hierfür sind die Begeisterung über die möglichst griffigen Formulierungen einfacher Sachverhalte oder die ständig wachsende Zahl von Produktfunktionen und -leistungsmerkmalen, die als Gadgets dem Spieltrieb, nicht aber der Qualitätsverbesserung oder der Erschließung wirklich neuer Nutzanwendungen im eigentlichen Sinne von Kaizen dienen.

Doch die Erkenntnis, dass man durch Einbeziehung der Mitarbeiter in einen Prozess der ständigen Verbesserung Kosten sparen, gleichzeitig die Qualität und die Attraktivität der Produkte steigern kann und damit letztendlich den Unternehmensgewinn, hat dazu geführt, dass Kaizen kurz nach dem großen Erfolg bei Toyota[34] in den USA und Europa übernommen wurde. Hier wird dieses Konzept, leicht verändert und der entsprechenden Kultur angepasst, als Continuous Improvement Process (CIP) oder als Kontinuierlicher Verbesserungsprozess (KVP) seit Anfang der 1990er Jahre eingesetzt, und zwar vorwiegend bei den Automobilherstellern und ihren Zulieferern.

So wurde CIP 1991 bei Bosch zunächst an den Fertigungsstandorten eingeführt und dann schrittweise auf alle Bereiche der Bosch-Gruppe ausgedehnt. Als Basis der Arbeit dienen die CIP-Grundsätze. Sie wurden damals unter breiter Beteiligung der Mitarbeiter aus verschiedenen Bereichen und Ebenen erarbeitet und gelten auch heute noch in unveränderter Form:

1. Wir streben stets nach Verbesserungen des bestehenden Zustands. Das Erreichte ist Grundlage für weitere Maßnahmen. Der Prozess der ständigen Verbesserung ist deshalb ohne Ende.

2. Was Qualität ist, bestimmt der Kunde. Seine Anforderungen wollen wir zu 100 Prozent erfüllen. Das gilt auch für interne Kunden.

---

34 Toyota besitzt derzeit den strengsten Qualitätsstandard der Automobilindustrie und ist, was die Produktionszahlen anbelangt, auf dem besten Weg, General Motors als größten Autohersteller der Welt abzulösen.

3. Jeder ist für die Qualität seiner Arbeit selbst verantwortlich.

4. Ursachen von Fehlern und Verschwendung jeder Art wollen wir konsequent beseitigen. Vorbeugen geht vor Nachbessern.

5. Wir beziehen alle Mitglieder in Ideenfindung, Planung und Problemlösung ein.

6. Partnerschaftliches Verhalten sowie Anerkennung von Leistung und Erfolg sind Grundlage unserer Zusammenarbeit.

7. Jeder ist aufgefordert, seinen Beitrag zum CIP-Prozess zu leisten. Führungskräfte auf allen Ebenen leben die CIP-Grundsätze vor und sorgen für deren Umsetzung.

2.6 Total Quality Management (TQM)

Nach DIN EN ISO 8402 gilt folgende Definition:

Total Quality Management (TQM) ist eine Managementmethode, die unter Mitwirkung aller ihrer Mitglieder die Qualität in den Mittelpunkt stellt und die durch Zufriedenstellung der Kunden auf langfristigen Geschäftserfolg ebenso wie auf den Nutzen für die Mitglieder der Organisation und für die Gesellschaft abzielt.

Das TQM-Konzept und das Kaizen- bzw. CIP- und KVP-Konzept haben große Ähnlichkeiten. Schließlich sind beide etwa gleichzeitig, nämlich in den 1950er Jahren und im selben Land, nämlich Japan, aus der Taufe gehoben und erfolgreich entwickelt worden. Es ist daher nicht verwunderlich, dass sich die oben beschriebenen CIP-Grundsätze von den im Folgenden genannten TQM-Merkmalen (nach Zink) nur unwesentlich unterscheiden:

• Qualität orientiert sich an den Bedürfnissen der Kunden.

• Qualität bezieht sich nicht nur auf Produkte und Dienstleistungen, sondern auch auf (Wertschöpfungs-)Prozesse, Arbeit(sbedingungen) und Umwelt.

- Qualität ist keine technische Funktion oder Abteilung und auch kein Ziel, sondern ein systematischer, nie endender Managementprozess, der das gesamte Unternehmen durchdringt.

- Die Idee der kontinuierlichen Verbesserung darf nicht nur auf die Produktion beschränkt bleiben, sondern muss alle Bereiche einer Organisation erfassen.

- Umfassende Qualitätsverbesserungen sind nur durch die Anstrengungen aller – und nicht nur durch die Anstrengungen einiger weniger Spezialisten – zu erreichen.

- Qualität braucht einen entsprechenden organisatorischen Rahmen, der sowohl die Qualität am einzelnen Arbeitsplatz als auch die der Zusammenarbeit zwischen Abteilungen und über Unternehmensgrenzen hinaus sicherstellt.

Das erste TQM-Merkmal ist sicherlich das entscheidende. Nach ihm müssen sich das Verhalten aller Mitarbeiter und die Gestaltung aller Geschäftsprozesse ausrichten. Denn aus der Praxis weiß man:

- Zufriedene Kunden sind gegenüber ihren Lieferanten loyal und daher grundsätzlich bereit, mit ihnen weitere Geschäfte zu tätigen.

- Der Aufwand (Zeit, Kosten) bis zum Geschäftsabschluss ist bei einem neuen Kunden gegenüber einem bestehenden etwa sechsmal größer.

- Unzufriedene Kunden sind gegenüber den zufriedenen viermal so starke Multiplikatoren. Dass jemand mit seinem Lieferanten unzufrieden ist, teilt er zwölf potenziellen Kunden dieses Lieferanten mit, während der Zufriedene seine positive Erfahrung nur an drei weitergibt.

Wie sehr durch das Kundenverhalten Qualität zum Ausdruck gebracht wird, zeigt auch der folgende Ausspruch: „Qualität ist, wenn die Kunden zurückkommen und nicht die Geräte!"

Kunden, vor allem die sehr kritischen, sollte man daher bei der TQM-Umsetzung und bei der Definition spezieller TQM-Projekte mit einbeziehen. Gute Gelegenheiten hierzu, so meine Erfahrungen, bieten Kundenworkshops, bei denen es nicht nur um die Qualität der Produkte, sondern auch um die ihres Umfelds geht. Aus den Fragen und Anregungen der

Kunden entwickeln sich häufig sehr interessante TQM-Projekte, z. B. zu Themen wie

- Verständlichkeit von Rechnungen,

- Einhaltung von Lieferterminen,

- Umfang und Aussagekraft von Bedienungsanleitungen,

- Umgang mit Kunden am Telefon.

Was das letztgenannte Projekt anbetrifft, wurde (im konkreten Erfahrungsfall) jedes Jahr durch vorgetäuschte Kundenanrufe einer Agentur (mystery calls) bei allen inländischen und ausländischen Vertriebniederlassungen die Kundenfreundlichkeit am Telefon ermittelt, und zwar bezüglich folgender Kriterien und ihrer Ziele (in Klammern gesetzt):

- Erreichbarkeit (weniger als drei Rufzeichen bis zur Entgegennahme des Anrufs),

- Vorstellung (Firmennamen und Eigennamen nennen, Gruß),

- Anrufübernahme (dem Anrufer zuhören, evtl. Rückfragen stellen),

- Produktwissen (verständliche Sprache, keine Fachausdrücke, klare Beantwortung der gestellten Fragen, nur relevante Produktinformationen nennen),

- Gesprächsatmosphäre (zwischenmenschliche Schwingungen erzeugen sowie das Gefühl, dass beide Seiten vom Gespräch profitieren),

- Weiterbehandlung (Gespräch weiterleiten an Kollegen nach Nennung dessen Abteilung, Name, Durchwahlnummer),

- Gesprächsabschluss (Dank für den Anruf unter Nennung des Namens des Gesprächspartners, Willkommensgefühl für zukünftige Anrufe vermitteln, Gruß).

Nach Auswertung der Ergebnisse wurden die drei kundenfreundlichsten Niederlassungen und die entsprechenden Personen ihres Callcenters vom Vorsitzenden der Geschäftsführung vor versammelter Mannschaft durch

Verleihung einer Urkunde und der Q-Trophäe sowie durch Zahlung einer Prämie ausgezeichnet und belohnt. Über diese Ehrung und ihre Hintergründe wurde natürlich auch in der Mitarbeiterzeitung ausführlich berichtet.

Die wesentlichen Grundlagen des Total Quality Managements wurden vom US-Amerikaner William Edwards Deming bereits in den 1940er Jahren entwickelt. Doch seine Ideen fanden in den USA zunächst keine Beachtung und wurden daher zuerst in Japan umgesetzt. Bereits 1950 wurde zum ersten Mal ein japanisches Unternehmen mit dem Deming-Preis für seine besonders hohen Qualitätsstandards ausgezeichnet.

Etwa zwanzig Jahre später, nämlich Ende der 1970er Jahre, begannen dann auch Firmen in den USA mit der Einführung von TQM. Die größte Unterstützung erhielten sie von Malcolm Baldridge, Secretary of Commerce, in der Zeit von 1981 bis 1987. Der Baldridge Award wird seit 1987 jährlich an Unternehmen verliehen, die an Hand klar definierter Kriterien hinsichtlich ihrer Business Excellence bewertet wurden und dabei eine bestimmte Punktzahl erreicht haben.

Im Jahre 1988 wurde dann in Europa die European Foundation for Quality Management (EFQM) von 14 Unternehmen (darunter Bosch) gegründet. Ähnlich wie in Japan und den USA hat die EFQM ein Modell für Business Excellence entwickelt, das die folgenden neun Kriterien mit unterschiedlicher Gewichtung (Angaben in Prozent in Klammern gesetzt) zur Beurteilung der Unternehmensqualität umfasst:

1. Unternehmensführung (10),

2. Politik und Strategie (8),

3. Mitarbeiterführung und Personalpolitik (9),

4. Verwendung der Ressourcen (9),

5. Prozessmanagement (14),

6. Kundenzufriedenheit (20),

7. Mitarbeiterzufriedenheit (9),

8. Auswirkungen auf die Gesellschaft (6),

9. Geschäftsergebnisse (15).

Alle neun Kriterien sind eng miteinander vernetzt, wie durch folgendes Zitat aus einer Firmenbroschüre verdeutlicht wird:

„Durch exzellente Führung, Vermittlung einer durchdachten Politik und Strategie, gelebte Mitarbeiterorientierung, professionelles Management der Ressourcen und effektive, kundenorientierte Prozesse werden die Voraussetzungen geschaffen für ausgezeichnete Geschäftsergebnisse. Sie kommen den Mitarbeitern, Kunden und der Gesellschaft zugute."

Nachhaltige Verbesserungen der Unternehmensqualität lassen sich also nur dann erzielen, wenn alle hier genannten Schlüsselfaktoren berücksichtigt werden. Es genügt also nicht, wenn man z. B. nur die Geschäftsprozesse optimiert. Seit 1992 verleiht die EFQM alljährlich den European Quality Award (EQA) an das am besten bewertete Unternehmen.

VIII   Produktdienstleistungen

1 Produktbegleitende Dienstleistungen
2 Produktnutzende Dienstleistungen
3 Dienstleistungsqualität

Sicherlich sind Leistungsumfang, Qualität und auch der Preis wichtige Kriterien bei der Vermarktung von Produkten. Doch wie die Marktuntersuchungen der letzten Jahre deutlich belegen, haben die im Zusammenhang mit dem Produkt angebotenen Dienstleistungen zunehmend einen entscheidenden Einfluss auf dessen Erfolg. Denn der Kunde möchte, dass seine Probleme *umfassend* gelöst werden. Dazu gehört in den meisten Fällen neben der Sachleistung die Bereitstellung entsprechender Dienstleistungen.

Dienstleistungen sind durch folgende Kriterien gekennzeichnet:

• Sie sind vorwiegend *immaterieller* Natur und daher selten übertragbar.

• Sie sind *nicht lagerbar,* d. h. Erzeugung und Verbrauch fallen zeitlich zusammen (Uno-actu-Prinzip).

• Bei ihrer Herstellung wirkt der Kunde häufig mit („Integration des externen Faktors").

Das erstgenannte Kriterium bezieht sich auf den Personaleinsatz als Basis der Dienstleistung. Gerade hier schlummern bei vielen Unternehmen nur selten geweckte Möglichkeiten, um z. B. durch geeignete Auswahl, Schulung und Motivation der Servicemitarbeiter größere Reaktionsbereitschaft und Kundenfreundlichkeit als Wettbewerbsvorteil zu nutzen. Die damit verbundenen zusätzlichen Kosten (Grenzkosten) sind übrigens meist wesentlich geringer als die zur Schaffung gleichgewichtiger Vorteile durch die Erweiterung des Produktleistungsspektrums.

Schließlich haben auch die in den letzten Jahren gemachten Fortschritte auf den Gebieten der Informations- und Kommunikationstechnik die bisherigen Dienstleistungen unterstützt und neue ermöglicht. Hierzu gehören die Leistungen der Callcenter, Teleservice (einschließlich Ferndiagnose, -wartung und -reparatur von Anlagen und Systemen), Online-Banking und ganz allgemein E-Business. Bei diesen Dienstleistungen gilt zwar das oben erläuterte Uno-actu-Prinzip, doch Kunde und Dienstleister sind meist örtlich voneinander getrennt.

Das letzte der drei genannten Dienstleistungskriterien, die sog. Integration des externen Faktors, bezieht sich auf die aktive Beteiligung des Kunden bei der Dienstleistungserstellung, ob beim Friseur, Arzt oder im Dialog mit der Person oder dem Rechner eines Servicezentrums.

1 Produktbegleitende Dienstleistungen

Neben den *originären* Dienstleistungen, die von reinen Dienstleistungsunternehmen (z. B. von Wäschereien, Finanzdienstleistern, Überwachungsunternehmen und Beratungsunternehmen) angeboten werden, haben die *produktbegleitenden* Dienstleistungen den höchsten Bekanntheits-, und Verbreitungsgrad. Sie sind in der Regel integraler Bestandteil des Angebots eines dienstleistenden Produzenten. Das bedeutet, dass bei diesem Angebot das Produkt im Mittelpunkt steht und die begleitenden Dienstleistungen dessen Vermarktung unterstützen sollen, u. A. durch

• Erhöhung der Produkt-Problemlösungskraft,

• größere Wettbewerbsdifferenzierung,

• Absatzförderung der Sachleistung und

• Stärkung der Kundenbindung.

Typische Beispiele produktbegleitender Dienstleistungen sind

• vor dem Kauf: Beratung und Planung (Pre-Sales-Services) und

• nach dem Kauf: Montage und Inbetriebnahme, Wartung und Instandhaltung, Ersatzteilversorgung, Schulungen, erweiterte Garantie, Versicherung, Verschrottung der Alt-Geräte/-Anlagen (After-Sales-Services).

2 Produktnutzende Dienstleistungen

Es gibt eine wachsende Zahl von Dienstleistungen, die nicht (wie in den oben beschriebenen Fällen) mit dem Verkauf eines Produktes, sondern mit seiner Nutzung verbunden sind und daher als produktnutzende Dienstleistungen[35] bezeichnet werden können. Sie sind der wesentliche Teil des Angebots eines produzierenden Dienstleisters, während das Produkt nur ihr „Enabler" ist, d. h. diese Dienstleistungen ermöglicht und unterstützt. Denn: „Der Kunde möchte eigentlich keine Bohrer, sondern Löcher in der Wand!"

Im Folgenden werden die beiden Grundformen produktnutzender Dienstleistungen vorgestellt[36].

Leistungsverkauf
Hierbei vermietet der Anbieter das Produkt inklusive Full-Service für einen bestimmten Zeitraum und zu einem Festpreis an seine Kunden. Diese müssen lediglich das zur Nutzung des Produktes und der entsprechenden Leistungen erforderliche Personal bereitstellen. Typische Beispiele für den Leistungsverkauf sind die Vermietung von Kraftfahrzeugen, Maschinen oder Telekommunikationsanlagen, die der Kunde für eine feste monatliche Rate nutzen kann, ohne dafür das technische und finanzielle Risiko übernehmen zu müssen. Der Aufwand für Wartung, Ersatzteilbeschaffung und Reparaturen wird vom Vermieter getragen und ist durch den Festpreis abgedeckt.

Leistungsergebnisverkauf
Bei dieser Art produktnutzender Dienstleistungen übernimmt der Anbieter auch das Betreiberrisiko, indem er zusätzlich zur ersten Grundform auch das Bedienungspersonal (z. B. Fahrer und/oder technisches Personal) und die Betriebstoffe (z. B. Benzin und/oder elektrische Energie) bereitstellt. Der Kunde überträgt damit im Sinne von Outsourcing die Verant-

---

35 In der Fachliteratur werden derartige Dienstleistungen gelegentlich unter dem Begriff performance contracting zusammengefasst. Darunter versteht man jedoch nach der vom Verband Deutscher Maschinen- und Anlagenbau (VDMA) im Jahre 2000 veröffentlichten „Technischen Regel" Nr. 24198 lediglich ein spezielles Betreibermodell der Energiewirtschaft. Meiner Meinung nach eignet sich daher performance contracting hier nicht als Sammelbegriff.

36 Siehe auch F.A.Z. vom 30. April 2001, „Vom Produzenten zum produzierenden Dienstleister".

wortung und das Risiko für das Erreichen bestimmter Leistungsergebnisse dem Anbieter, kann sich z. B. mit mehr Kraft auf sein Kerngeschäft konzentrieren und erreicht für sein Non-Core-Business einschließlich seiner Kosten eine bessere Planbarkeit.

3 Dienstleistungsqualität

Dienstleistungsqualität bezeichnet den Grad der Erfüllung von Erwartungen an eine Dienstleistung.

Dienstleistungsqualität

- bezieht sich auf die Interaktion des Lieferanten mit seinen Kunden, d. h. auf den *Prozess* (Wie?) der Erbringung einer Dienstleistung (Was?),

- prägt die langfristige und freiwillige Komponente der Kundenbindung, d. h. die *Verbundenheit* – im Gegensatz zu der Gebundenheit durch Verträge und Standards,

- wird bestimmt durch
  - die Kompetenz, Erfahrung, Zuverlässigkeit, Motivation, Zuwendung und Verfügbarkeit des Service*personals,*
  - die Effizienz der Service*organisation* sowie
  - den Umfang und technischen Standard der verfügbaren Service*hilfsmittel.*

Wie wichtig für den Geschäftserfolg hohe Dienstleistungsqualität und insbesondere gute Servicemitarbeiter sind, zeigen die Ergebnisse der vom Verband Deutscher Maschinen- und Anlagenbau (VDMA) durchgeführten Studie „Service 2000". Danach (siehe Abbildung 47) gaben mehr als zwei Drittel aller befragten Unternehmen geringe Dienstleistungsqualität und insbesondere schlechte und unfreundliche Behandlung durch das Servicepersonal als Grund für den Wechsel zu einem Konkurrenten an.

Man unterscheidet zwischen objektiver und subjektiver Dienstleistungsqualität:

- *Objektive* Dienstleistungsqualität ist konkret messbar und errechnet sich aus der Abweichung der Arbeitsergebnisse von den vorher vertraglich

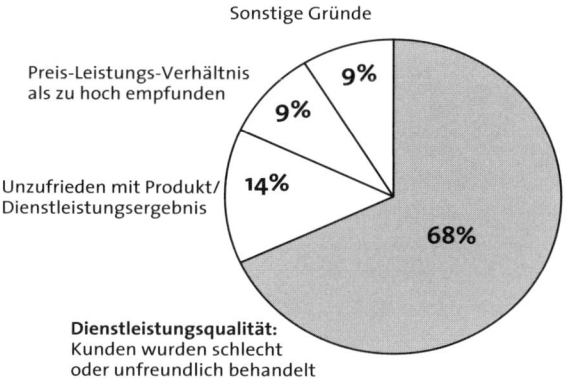

Abbildung 47: Gründe für den Wechsel zu einem Konkurrenten (Quelle: VDMA, Service 2000)

vereinbarten Zielkriterien. Diese können sich z. B. auf die durch Wartung, Reparaturdienst und Ersatzteilbeschaffung gewährleistete Betriebssicherheit von Anlagen, Maschinen und Systemen beziehen.

• *Subjektive* Dienstleistungsqualität entspricht der vom Kunden empfundenen Übereinstimmung des Arbeitsergebnisses mit seinen Ausgangsvorstellungen.

Leider lassen sich in der Praxis nicht alle Ziele der Dienstleistungsqualität vorher quantitativ beschreiben, was dazu führt, dass Dienstleistungsqualität häufig aus objektiven und subjektiven Anteilen besteht und daher unterschiedliche Wahrnehmungen gelegentlich zu Missverständnissen führen.

Hierzu ein kleines Beispiel aus der Praxis:

Nach Einführung der Telewartung verkaufter und vermieteter Telekommunikationssysteme (Fernüberwachung aller wichtigen Betriebsfunktionen durch die Leitstelle des Dienstleisters und im Bedarfsfall Softwareaustausch über das Telefonfestnetz) beschwerten sich einige Kunden über sinkende Dienstleistungsqualität mit der Begründung, dass die gewohnten regelmäßigen Besuche der Servicetechniker nicht mehr stattfänden. Einige Kunden drohten sogar damit, die monatlichen Gebühren für Wartung nicht mehr zu zahlen, da diese in der subjektiven Wahrnehmung der Kunden nicht mehr durchgeführt würde.

Erst durch klärende Gespräche und Präsentationen in der Leitstelle gelang es, die Kunden von der besseren Qualität der neuartigen Dienstleistung zu überzeugen. Auch die Besuche des Servicepersonals fanden wieder statt, zwar nicht mehr so oft wie vor dem Wechsel zur Telewartung, aber häufig genug, um die Kundenbeziehungen pflegen und dabei gelegentlich den technischen Boden für Systemerweiterungen oder andere Zusatzgeschäfte bereiten zu können.

IX   Schlussbemerkungen

Produktmanagement ist ein Prozess, der bei der Erforschung und Analyse der Kundenanforderungen und der Suche nach entsprechenden Produktideen beginnt und mit der Produktentsorgung endet. Als Koordinator und wichtigsten Akteur dieses Prozesses habe ich Ihnen den Produktmanager vorgestellt, seine vielfältigen Aufgaben und die an ihn gestellten Anforderungen beschrieben. Letztere sind übrigens vergleichbar mit den Fähigkeiten, die man von Führungskräften der obersten Ebene erwartet. Es wundert daher nicht, dass bei mehr und mehr Unternehmen der hierarchische Aufstieg in die Spitze nur über eine oder mehrere Produktmanagement-Stationen verläuft. Ich hoffe daher, dass dieses Buch nicht nur der Lehre und als Ratgeber dient, sondern auch als Orientierungshilfe bei der Suche nach einem faszinierenden und chancenreichen Job.

Ich habe mehrfach auf den großen Einfluss hingewiesen, den die Planung eines Produktes auf seinen Erfolg hat. Sie habe ich daher hier zu einem Schwerpunktthema gemacht, nicht zuletzt weil sie, gemessen an ihrer Bedeutung, in den anderen Beiträgen zur Produktmanagement-Literatur häufig zu kurz kommt. – Im Gegenzug bin ich auf die in diesen Beiträgen meist sehr gründlich behandelten Themen der Produktlebensphase, z. B. Werbung und Verkauf, bewusst kaum eingegangen. – Da aber auch in vielen Unternehmen die Bedeutung der Produktplanung immer noch unterschätzt wird, wiederhole ich auch an dieser Stelle meinen Rat, genügend Zeit und Ressourcen für die sachgemäße Durchführung der Planungsaufgaben bereitzustellen und mit der Produktentwicklung erst nach der Erarbeitung eines marktgerechten Produktkonzepts und des entsprechenden Lastenhefts zu beginnen.

Schließlich hoffe ich, dass dieses Buch Sie ermutigt, in Ihrem Unternehmen Produktmanagement einzuführen bzw. weiterzuentwickeln und zum zentralen Teil einer Erfolgsstrategie zu machen. Es lohnt sich!

Glossar

Aufgaben (eines Stelleninhabers):
Zielvorschriften für menschliches Handeln.

Benchmarking:
Der an Hand bestimmter Kriterien durchgeführte Vergleich eigener Geschäftsfelder, Produkte oder sonstiger Leistungen mit denen des erfolgreichsten Wettbewerbers/Marktführers zur Ermittlung von Standards und Zielgrößen für die Strategie und Planung des eigenen Unternehmens.

Dienstleistungen:
Leistungen vorwiegend immaterieller Natur, die selten übertragbar und nicht lagerbar sind (d. h. nach dem sog. Uno-actu-Prinzip fallen Erzeugung und Verbrauch zeitlich zusammen) und bei deren Herstellung der Kunde häufig mitwirkt (Integration des externen Faktors).

Dienstleistungsqualität:
Grad der Erfüllung von Erwartungen an eine Dienstleistung.

Diskursive Kreativitätsmethoden:
Kreativitätsmethoden zur Ideenfindung in kleinen logisch ablaufenden Schritten, bei denen das Problem in Teilprobleme zerlegt wird, diese analysiert und gelöst werden und die Teillösungen dann zu einer Gesamtlösung bzw. Gesamtidee zusammengesetzt werden.

Downcycling:
Ein Entsorgungsprozess, bei dem Stoffe gewonnen werden, die gegenüber den für die Herstellung der Eingangsprodukte eingesetzten Stoffen auf einer „niedrigeren Stufe" stehen. Beispiel: Blumenkübel aus geschredderten Armaturenbrettern.

Gebrauchsprodukte:
Produkte, die mehrfach genutzt und relativ lange (meist mehrere Jahre) gelagert werden können. Beispiele: Möbel, Automobile, Computer und andere elektronische Geräte.

Immaterielle Produkte:
Produkte ohne körperliche Substanz. Sie gliedern sich in reale Produkte (Dienstleitungen, Informationen, Ideen, Rechte ...) und nominale Produkte (Geld, Wertpapiere ...).

Intuitive Kreativitätsmethoden:
Kreativitätsmethoden zur Ideenfindung durch Aktivierung des Unbewussten, spontane Einfälle, Gedankenassoziationen, Analogieschlüsse, Verfremdung des Problems, Suche sowie Nutzung von Umwegen und/oder Erweiterung des Blickwinkels sowie Vergrößerung des Abstands.

Investitionsprodukte:
Produkte, die von gewerblichen Kunden, z. B. Herstellern, Händlern oder Organisationen, nachgefragt werden (Business to Business, B2B).

Kaizen:
Ein aus Japan stammendes Qualitätsmanagementkonzept, dessen Ziel es ist, durch ständige Verbesserung von Prozessen (z. B. der Herstellung von Produkten) die Qualität ihrer Outputs (z. B. Produkte) zu steigern.

KEDMIB-Methode:
Ein Hilfsmittel zur Strukturierung der Zusammenarbeit vieler Personen oder Stellen, das Produktmanager, insbesondere bei einer Matrix-Produktorganisation, nutzen, um für jede Produktaufgabe die Verantwortlichkeiten der beteiligten Organisationseinheiten untereinander abzustimmen und dann die Zuständigkeiten für Koordination *(K)*, Entscheidung *(E)*, Durchführung *(D)*, Mitbestimmung *(M)*, Information *(I)* und Beratung *(B)* nach bestimmten (KEDMIB-)Regeln festzulegen.

Kompetenzen (eines Stelleninhabers):
Rechte und Befugnisse, die einem Stelleninhaber zugeteilt werden und die er benötigt, um seine *Aufgaben* erfüllen zu können.

Komplexes System:
System, das gekennzeichnet ist durch seine Öffnung nach außen, die große Vielzahl und starke Vernetzung seiner Systemkomponenten (Elemente, Subsysteme), ihre Variabilität (z. B. in Abhängigkeit von der Zeit) und (häufig nichtlinearen) Wechselwirkungen untereinander sowie durch die Emergenz von Systemeigenschaften, die nur aufgrund der Wechselwirkungen zwischen den Systemkomponenten entstehen, von diesen selbst aber unabhängig sind.

Konsumprodukte:
Produkte, die von Privatpersonen bzw. -haushalten nachgefragt werden (Business to Consumer, B2C).

Kreativchampions (Schlüsselerfinder):
Kreative, deren Anteil an der Gesamtzahl der schöpferisch Tätigen eines Betriebes meist unter 5 Prozent, der angemeldeten Patente jedoch über 20 Prozent liegt und deren Patente im Vergleich zum Durchschnitt wirtschaftlich häufig höherwertig sind.

Kreative(r):
Person, deren intellektuellen Fähigkeiten, Problemsensitivität, Flexibilität und Eigenständigkeit, sowie spezielle Persönlichkeitsmerkmale wie z. B. Energie- und Aktivitätspotenzial (Vitalität, Initiative, Ausdauer), Neugier, Konflikt- und Frustrationstoleranz, Unabhängigkeit und Nonkonformismus besonders stark ausgeprägt sind.

Kreativität:
Schöpferisches Vermögen, das sich im menschlichen Handeln oder Denken realisiert und einerseits durch Neuartigkeit oder Originalität gekennzeichnet ist, andererseits aber auch einen sinnvollen und erkennbaren Bezug zur Lösung technischer, menschlicher und/oder sozial-politischer Probleme aufweist.

Kreativitätsmethoden:
Intuitive und *Diskursive* Methoden, die dazu dienen, die Effizienz des Ideenfindungsprozesses zu steigern, z. B. durch Erweiterung des Suchfeldes oder durch Auflösung von Denkblockaden.

Lastenheft:
Das Resümee der *Produktplanungs*-Ergebnisse, das aus der Sicht des Auftraggebers (der Unternehmensleitung und indirekt des Kunden) die Anforderungen, Erwartungen und Wünsche an ein neues Produkt in „natürlicher Sprache" beschreibt und das Referenzdokument für die anschließende Produktentwicklung ist.

Low Cost Engineering (LCE):
Ein Entwicklungskonzept zur Senkung der Herstellkosten eines Produktes, ohne dabei seine Leistung und Qualität zu verringern.

Materielle Produkte:
Produkte stofflicher Natur. Sie lassen sich unterteilen in naturgegebene Produkte (Boden, Wasser, Luft, Pflanzen ...) und hergestellte Produkte (Nahrungsmittel, Medikamente, Werkzeuge, Geräte ...).

Öko-Engineering:
Die Planung und Umsetzung von Produktentwicklungsmaßnahmen, die dazu beitragen, dass bei der anschließenden Herstellung, Vermarktung und dem Gebrauch des Produktes unsere Umwelt und natürlichen Ressourcen geschont werden.

Optimale Produktkomplexität:
Die Produktkomplexität, die man zur strikten Erfüllung der Kundenanorderungen (äußere Produktkomplexität) auf möglichst einfache Weise und mit möglichst geringem Aufwand (innere Produktkomplexität) erzielt.

Pflichtenheft:
Ein Dokument, das von dem für die Produktentwicklung verantwortlichen Projektteam (Auftragnehmer) auf der Basis des Lastenhefts erstellt wird, in weitgehend „technischer Sprache" möglichst präzise und vollständig die Ziele des Entwicklungsprojektes beschreibt und verbindliche Arbeitsgrundlage für die Planung und Durchführung des Entwicklungsprojektes ist.

Postmortale Produktphase:
Siehe *Produktentsorgungsphase.*

Pränatale Produktphase:
Siehe *Produktentstehungsphase.*

Product Fact Book (PFB):
Ein vom Produktmanager angelegtes und geführtes Handbuch (auf elektronischem Speicher oder Papier), das für ein Produkt oder eine bestimmte Produktgruppe alle Ist-, Soll-, Prognose- und andere Referenzdaten enthält, die für die wichtigen Produktentscheidungen und die Umsetzung entsprechender Maßnahmen benötigt werden (z. B. Daten über Märkte und ihre Segmente, Wettbewerber, technologische Trends, Leistungsmerkmale, betriebswirtschaftliche Produktkenngrößen, Patente und Lizenzen, Lieferanten, Schulungen, Reklamationen).

Product Management Board (PMB):
Ein Board, das von der Unternehmensleitung eingesetzt wird, um die ihr vorbehaltenen grundsätzlichen Produktentscheidungen (z. B. bezüglich Portfolio, Märkte und Ressourcen) vorzubereiten und/oder in ihrem Auftrag zu fällen.

Product Review Committee (PRC):
Ein vom Produktmanager berufenes und nach seinen Wünschen interdisziplinär zusammengesetztes Committee, das ihn bei der Vorbereitung und Durchführung von Produktreviews unterstützt.

Produkt:
Ein Wirtschaftsgut, das der Bedarfsdeckung seitens des Nachfragers und der Existenzsicherung seitens des Anbieters dient.

Produktablösung:
Das Ersetzen eines im Markt angebotenen Produktes durch ein neues.

Produktaufgaben:
Aufgaben, die sich auf ein Produkt oder eine bestimmte *Produktgruppe* beziehen.

Produkt-Basismerkmale:
Physikalisch-chemisch-technische Eigenschaften eines Produktes – z. B. Gewicht, Abmessungen, Aufbau – und die von ihnen geprägten Merkmale wie Lagerfähigkeit, Lebensdauer, operative Zuverlässigkeit und Preis.

Produkt-Basisnutzen:
Der von den *Basismerkmalen* abgeleitete Nutzen, den der Käufer vom praktischen Gebrauch oder Verbrauch des Produktes hat.

Produktdefinition:
Die Transformation einer Produktidee in ein *Produktkonzept,* das als Grundlage der nachfolgenden Produktentwicklung dient.

Produktdesign:
Die Gestaltung eines Produktes (einschließlich seiner Teile, Verzierung, Verpackung, Ausstattung, grafischen Symbole und typografischen Schriftbilder) durch Formgebung, Farb- und Materialauswahl.

Produktdiversifikation:
Erschließung eines neuen Marktes durch ein neues Produkt.

Produkteinführung:
Abschnitt der *Produktlebensphase,* der mit der Produktvermarktung beginnt und abgeschlossen ist, wenn die Umsätze beginnen, die Kosten zu decken.

Produktelimination:
Herausnahme von einem/mehreren Produkt/en oder einer/mehreren Produktgruppen bzw. Produktlinie/n aus dem Produktprogramm, um dieses zu straffen.

Produktentsorgungsphase (postmortale Produktphase):
Phase, in dem das Produkt durch *Recycling, Downcycling,* Verbrennung oder als Abfall entsorgt wird.

Produktentstehungsphase (pränatale Produktphase):
Phase, in der ein Produkt infolge von Produktplanung, -entwicklung und -fertigung entsteht.

Produktgruppe:
Gruppe gleichartiger Produkte.

Produktinnovation:
Die Aufnahme eines neuen Produktes in das *Produktprogramm,* entweder um ein bestehendes Produkt zu ersetzen *(Produktablösung)* oder um mit diesem neuen Produkt einen für das Unternehmen neuen Markt zu erschließen *(Produktdiversifikation).*

Produktkonzept:
Die detaillierte Beschreibung – möglicherweise auch an Hand von Skizzen – des (noch nicht entwickelten) neuen Produktes, seiner Leistungsmerkmale, seines Kundennutzens und seiner technologischen Anforderungen.

Produktlebensphase (vitale Produktphase):
Phase der Vermarktung eines Produktes, üblicherweise unterteilt in die Lebensabschnitte *Produkteinführung, -wachstum, -reife* und *-rückgang.*

Produktlinie:
Ensemble gleichartiger *Produktgruppen.*

Produktmanagement:
Die Planung, Entwicklung, Fertigung, Vermarktung und Entsorgung eines Produktes zum größtmöglichen Wohle von Nachfrager und Anbieter.

Produktmanagementaufgaben:
Die dem *Produktmanager* übertragenen *Aufgaben.*

Produktmanager:
Die Person, der die *Aufgaben, Kompetenzen* und *Verantwortung* zum Management eines Produktes *(Produktmanagement)* oder einer bestimmten *Produktgruppe* übertragen wurden.

Produktmarke:
Ein Name, Begriff, Slogan, Zeichen, Symbol, eine Abbildung, Gestaltungsform, Verpackung, farbliche Aufmachung, Tonfolge oder Kombination aus diesen Bestandteilen, mit denen das Produkt gekennzeichnet ist, um es von anderen Produkten zu unterscheiden.

Produktmerkmale:
Merkmale, die der Identifizierung, Beschreibung, Charakterisierung und Differenzierung eines Produktes dienen.

Produktmodifikation:
Die (meist geringfügige) Veränderung bestimmter Eigenschaften (z. B. der Leistungsmerkmale, Größe, Form, Farbe, Marke) und/oder Serviceleistungen eines im Markt angebotenen Produktes.

Produktphasen:
Entstehungsphase (pränatale Phase), *Lebensphase* (vitale Phase) und *Entsorgungsphase* (postmortale Phase) eines Produktes.

Produktplanung:
Planung, die (im engeren Sinne) die Suche, Bewertung und Auswahl von Erfolg versprechenden Produktideen, die Definition des neuen Produktes umfasst sowie (im weiteren Sinne) die vorbereitenden Maßnahmen wie z. B. die Untersuchung der *Planungseinflüsse,* die Identifizierung der/des *Planungsauslöser/s,* die Durchführung von *Produktanalysen* und die Entwicklung entsprechender *Produktstrategien.*

Produktplanungsauslöser:
Das die *Produktplanung* auslösende Problem (z. B. Umsatz-, Gewinnrückgang, neue Kundenanforderungen, Veränderungen im Wettbewerb) und/oder die Opportunität (z. B. neue Märkte, neue Technologien).

Produktplanungseinflüsse:
Unternehmensinterne (z. B. Kundenorientierung, Organisationsstruktur, Finanzkraft des Unternehmens) und -externe (z. B. Märkte, Wettbewerb, Lieferanten, Technologietrends) Faktoren, die Einfluss nehmen auf die Produktplanung.

Produktpolitik:
Die art- und mengenmäßige Gestaltung eines *Produktprogramms,* seiner Produkte und der mit diesen angebotenen *Dienstleistungen.*

Produktportfolio:
Nach bestimmten Kriterien (z. B. Marktwachstum und -anteil) strukturiertes und meist in Form einer Matrix dargestellte *Produktprogramm* eines Unternehmens.

Produktprogramm:
Die Gesamtheit der von einem Unternehmen angebotenen Produkte.

Produktprogrammbreite:
Die durch die Anzahl der *Produktlinien* bestimmte „horizontale Dimension" eines *Produktprogramms.*

Produktprogrammtiefe:
Die durch die Anzahl der in den *Produktgruppen* enthaltenen Produkte bestimmte „vertikale Dimension" eines *Produktprogramms.*

Produktqualität:
Grad der Übereinstimmung zwischen den Produkteigenschaften und den Produktanforderungen.

Produktreife:
Abschnitt der *Produktlebensphase,* der dem *Produktwachstum* folgt und beginnt, wenn der Umsatz nicht mehr zunimmt, und dann endet, wenn dieser Zuwachs auf Null sinkt, d. h. die Umsatzkurve ihr Maximum erreicht.

Produktrückgang:
Abschnitt der *Produktlebensphase,* der der *Produktreife* folgt und beginnt, wenn die Umsatzkurve ihr Maximum erreicht hat, und endet, wenn der Gewinn auf Null sinkt und die Vermarktung des Produktes abgeschlossen ist.

Produkttechnologien:
Die wissenschaftlichen und technischen Erkenntnisse, die zur Herstellung eines Produktes genutzt werden und Grundlage seiner Eigenschaften und Funktionsweisen sind.

Produktwachstum:
Abschnitt der *Produktlebensphase,* der der *Produkteinführung* folgt und beginnt, sobald die Umsätze die Kosten decken, und endet, wenn der Umsatz nicht mehr zunimmt, d. h. die Umsatzwachstumskurve ihr Maximum erreicht hat.

Produktzusatzmerkmale:
Die über die *Basismerkmale* eines Produktes hinausgehenden, eher ästhetischen und emotionalen, Produkteigenschaften, wie z. B. das Design, die Marke und das Image – auch das des Produktanbieters.

Produktzusatznutzen:
Der aus den *Zusatzmerkmalen* eines Produktes hervorgehende Nutzen, z. B. die Freude, die der Kunde bei der Betrachtung und/oder des Ge- bzw. Verbrauchs seines Produktes empfindet, und/oder der positive Eindruck, den das Produkt auf andere macht (persönliche Anerkennung, Prestige).

Projekt:
Ein Vorhaben mit vereinbarten Ergebniszielen (Was?), Anfangs- und Endterminen (Wann?), finanziellen, technischen und personellen Ressourcen (Womit?), das gekennzeichnet ist durch Einmaligkeit, Neuartigkeit, technische und organisatorische Komplexität, interdisziplinäre Zusammenarbeit und Abgrenzung gegenüber anderen Vorhaben.

Projektphasen:
Die (üblicherweise vier) aufeinander folgenden, klar definierten und abgegrenzten Phasen eines Projektes: Definitions-, Planungs-, Durchführungs- und Abschlussphase.

Qualitätskontrolle (eines Produktes):
Ein am Ende des Herstellungsprozesses eingesetztes Verfahren, bei dem geprüft wird, inwieweit das einzelne Produkt die spezifizierten Anforderungen erfüllt, um dann zu entscheiden, ob es für die Vermarktung geeignet ist.

Qualitätssicherung (eines Produktes):
Ein unternehmensinterner Prozess der Prüfung und Überwachung der – von den einzelnen Gliedern der Wertschöpfungskette zu erbringenden – Beiträge zur Sicherung der geforderten Produktqualität.

Recycling:
Ein Entsorgungsprozess, bei dem Stoffe gewonnen werden, die für die Herstellung der Eingangsprodukte oder von Produkten der „gleichen Stufe" verwendet werden können. Beispiel: Aus alten Plastikstoßstangen wird das Material (Kunststoffgranulat) für die Herstellung neuer gewonnen.

Ressourcenstärke (eines Unternehmens):
Drückt sich vor allem in seiner Fähigkeit aus, Technologien und die von ihnen bestimmten Produkte zu entwickeln und zu vermarkten.

Schlüsselerfinder:
Siehe *Kreativchampions*

Simultaneous Engineering (SE) – gleichzeitige Entwicklung:
Ein Produktentwicklungskonzept, das gekennzeichnet ist durch möglichst große zeitliche Überlappungen bei der Bearbeitung der verschiedenen Entwicklungsaufgaben sowie enge Zusammenarbeit und Abstimmung zwischen den Entwicklern der relevanten Fachabteilungen (z. B. Hardware, Software und Konstruktion) und den Vertretern aller übrigen am Produktentstehungs- und Vermarktungsprozess beteiligten Bereiche des Unternehmens (z. B. Fertigung, Marketing, Vertrieb, Montage und Wartung) – mit dem Ziel, Entwicklungszeiten zu kürzen und spätere Produktänderungen zu vermeiden.

Six Sigma (6σ):
Eine Methode des Qualitätsmanagement, um Prozesse (z. B. der Produktfertigung) so zu verbessern, dass ihre Outputs (z. B. Produkte) nahezu fehlerfrei sind.

Technologieattraktivität:
Das Vermarktungspotenzial einer Technologie und der von ihr bestimmten Produkte.

Total Quality Management (TQM):
Eine Managementmethode, die unter Mitwirkung aller Mitglieder die Qualität in den Mittelpunkt stellt und die durch Zufriedenstellung der Kunden auf langfristigen Geschäftserfolg ebenso wie auf den Nutzen für die Mitglieder der Organisation und für die Gesellschaft abzielt. (Definition nach DIN EN ISO 8402).

Umsatz/Gewinn-Strukturanalyse:
Die zwecks Bewertung eines *Produktprogramms* durchgeführte Ermittlung der auf die einzelnen Produkte oder Produktgruppen bezogenen Anteile am Gesamtumsatz und/oder -gewinn eines Unternehmens.

Verantwortung (eines Stelleninhabers):
Pflicht eines Stelleninhabers, über die zielentsprechende Erfüllung der ihm übertragenen *Aufgabe*(n) persönlich Rechenschaft abzulegen.

Verbrauchsprodukte:
Produkte für einmalige Verwendung und mit meist relativ geringer Lagerfähigkeit (im Allgemeinen nicht länger als ein Jahr). Beispiele: Nahrungsmittel, Medikamente, Getränke, Waschpulver.

Vitale Produktphase:
Siehe *Produktlebensphase.*

Abkürzungsverzeichnis

B2B	Business to Business
B2C	Business to Consumer
BBDO	Batter, Barton, Durstine, Osborn
BCG	Boston Consulting Group
Caltech	California Institute of Technology
CIP	Continuous Improvement Process
CBP	Core Business Process
CTQ	Critical to Quality
DEC	Digital Equipment Corporation
DIN	Deutsches Institut für Normung (auch Deutsche Industrie-Norm)
DMAIC	Define-Measure-Analyze-Improve-Control (Six Sigma Umsetzung)
DPMA	Deutsches Patent- und Markenamt
DPMO	Defects Per Million Opportunities (Fehler pro eine Millionen Möglichkeiten)
EAR	Elektro-Altgeräte-Register
EDV	Elektronische Datenverarbeitung
EFQM	European Foundation for Quality Management
ElektroG	Elektro- und Elektronikgerätegesetz
EN	Europäische Norm
ESA	European Space Agency (Europäische Weltraumorganisation)
EQA	European Quality Award

F&E	Forschung und Entwicklung

HABM	Harmonisierungsamt für den Binnenmarkt
HGB	Handelsgesetzbuch
HP	Hewlett-Packard

IC	Integrated Circuit (Integrierter Schaltkreis)
ISDN	Integrated Services Digital Network
ISO	International Organization for Standardization

KEDMIB	Koordination-Entscheidung-Durchführung-Mitsprache-Information-Beratung
KVP	Kontinuierlicher Verbesserungsprozess
LAN	Local Area Network
LCD	Liquid Crystal Display (Flüssigkristallbildschirm)
LCE	Low Cost Engineering
LED	Light Emitting Diode (Leuchtdiode)

MPO	Matrix-Produkt-Organisation

NASA	National Aeronautics and Space Administration

OAMI	Oficina de Armonización de Mercado Interior

P&G	Procter & Gamble
PARC	Palo Alto Research Centre
PFB	Product Fact Book
PMB	Product Management Board
PRC	Product Review Committee

RFID	Radio Frequency Identification (Funkerkennung)
RoHS	Restriction of the use of certain Hazardous Substances

RPO	Reine Produkt-Organisation
SDCA	Standardize, Do, Check, Act
SE	Simultaneous Engineering
SPO	Stab-Produkt-Organisation
SUV	Sport Utility Vehicle
TQM	Total Quality Management
USB	Universal Serial Bus
VDMA	Verband Deutscher Maschinen- und Anlagenbau
WEEE	Waste Electrical and Electronic Equipment
ZVEI	Zentralverband Elektrotechnik- und Elektronikindustrie

Abbildungsverzeichnis

Literatur

Aguayo, R.: Dr. Deming. The American who taught the Japanese about quality. New York 1990

Ahlemeyer, H. W.; Königswieser, R. (Hrsg.): Komplexität managen. Strategien, Konzepte, Fallbeispiele. Frankfurt (M)/Wiesbaden 1997

Arthur D. Little (Hrsg.): Management erfolgreicher Produkte. Wiesbaden 1994

Arthur D. Little (Hrsg.): Praxis des Design-Management. Frankfurt (M)/ New York 1990

Backhaus, K.: Folien zum Vortrag: Von der produktbegleitenden Dienstleistung zur Neudefinition eines Dienstleistungsmarktes. Schmalenbach-Tagung Service: Vom Produkt zur Performance. Düsseldorf/Neuss, 25.04.2001

Backhaus, K.: Industriegütermarketing. 5. Auflage, München 1997

Belliveau, P.; Griffin, A.; Somermeyer, S.: The PDMA Toolbook for New Product Development. New York 2002

Buck, A.; Vogt, M. (Hrsg.): Design-Management. Was Produkte wirklich erfolgreich macht. Frankfurt (M)/Wiesbaden 1996

Bullinger, H.-J.; Warschat, J. (Hrsg.): Forschungs- und Entwicklungsmanagement. Simultaneous Engineering, Projektmanagement, Produktplanung, Rapid Product Development. Stuttgart 1997

Christensen, C. M.: The Innovator's Dilemma. Boston (Mass.) 1997

Clark, K. B.; Fujimoto, T.: Product Development Performance. Strategy, organization, and management in the world auto industry. Boston (Mass.) 1991

Davis, S. M.: Brand Asset Management. Driving profitable growth through your brands. San Francisco 2000

Deschamps, J.-P.; Nayak, R. P.; Arthur D. Little: Product Juggernauts. How companies mobilize to generate a stream of market winners. Boston (Mass.) 1995

Ergenzinger, R.; Thommen, J.-P.: Marketing. Vom klassischen Marketing zu Customer Relationship Management und E-Business Marketing. Zürich 2001

Feldwick, P.: What is Brand Equity, Anyway? Selected papers on brands and advertising. Henley-on-Thames (UK) 2002

Foster, R. N.: Innovation. Die technologische Offensive. Wiesbaden 1986

Gerpott, T. J.; Thomas, S. F..: Markenbewertungsverfahren. Einsatzfelder und Verfahrensüberblick. Wirtschaftswissenschaftliches Studium (WiSt) Heft 7, Juli 2004, S. 394 – 400

Gorchels, L.: The Product Manager's Handbook. The complete product management resource. second edition, Chicago 2000

Harrison, T: Produkt-Management. Ein Handbuch für die Praxis. Frankfurt (M)/New York 1991

Herrmann, A.: Produktmanagement. München 1998

Homburg, C.: Unterschätzte Komplexitätskosten. Blick durch die Wirtschaft (BddW) 28.02.1997, S. 11

Imai, M.: Kaizen. The key to Japan's competitive success. Irwin 1986

Juran, J. M.: Juran on Leadership for Quality. An executive handbook. New York 1989

Kairies, P.: Porfessionelles Produkt Management für die Investitionsgüterindustrie. Praxis und moderne Arbeitstechniken. 4., neu bearbeitete Auflage. Renningen 2001

Kleikamp, C.: Strategieoptionen beim Marketing von investiven Dienstleistungen. Arbeitspapier Nr. 28/2000 des Betriebswirtschaftlichen Instituts für Anlagen und Systemtechnologien (Prof. Dr. Klaus Backhaus), Universität Münster

Kotler, P.: Marketing. Märkte schaffen, erobern und beherrschen. München 1999

Lennertz, D.: Optimierung des Designs von Projektteams. Zeitschrift Führung + Organisation (zfo), 69. Jahrgang, Hamburg, 3/2000, S. 154 – 158

Lennertz, D: Projekt-Management. In: Thommen, J.-P.: Management und Organisation. Konzepte – Instrumente – Umsetzung. Zürich 2002, S. 307 – 347

Linnert, P.: Produkt-Manager. Aufgaben und Stellung im Unternehmen. Freiburg 1974

Lippmann, H.: Marktchancen nutzen mit Produktmanagement. Ein Ratgeber für mittelständische Unternehmen. 6. Auflage, Eschborn 2001

Magnusson, K.; Kroslid, D.; Bergman, B.: Six Sigma umsetzen. Die neue Qualitätsstrategie für Unternehmen. München/Wien 2001

Mattmüller, R.: Integrativ-Prozessuales Marketing. Eine Einführung. 2. überarbeitete und erweiterte Auflage, Wiesbaden 2004

Meffert, H.: Marketing. Grundlagen markorientierter Unternehmensführung. Konzepte – Instrumente – Praxisbeispiele. 8. vollständig neu bearbeitete und erweiterte Auflage, Wiesbaden 1998

Melzak, Z. A.: Bypasses. A simple approach to complexity. New York 1983

Pepels, W.: Produktmanagement. Produktinnovation, Markenpolitik, Programmplanung, Prozessorganisation. München/Wien 1998

Pfeiffer, W. et al.: Technologie-Portfolio zum Management strategischer Zukunfts-geschäftsfelder. 4. Auflage, Göttingen 1987

Rams, D.: Weniger aber besser. Less but better. 3. Auflage, Hamburg 2004

Reeves, W.: Learner-Centered Design. A cognitive view of managing complexity in product, information, and environmental design. Thousand Oaks (Cal.)/London/New Delhi 1999

Richter, K; Rost J.-M.: Komplexe Systeme. 2. Auflage, Frankfurt (M) 2004

Robert Bosch GmbH (Hrsg.): Qualitätsfaktor Design. Standpunkte zum Design aus der Sicht eines Industrieunternehmens. 2. Auflage, Stuttgart 1987

Scheuch, F.: Marketing (Vahlens Handbücher der Wirtschafts- und Sozialwissenschaften). 4. Auflage, München 1993

Stalk jr., G.; Hout, T. M.: Competing Against Time. How time-based competition is reshaping global markets. New York 1990

Stolz, R.: Der erfolgreiche Product Manager. Marketinginstrumente beherrschen und wirkungsvoll einsetzen. Heidelberg 2002

Thommen, J.-P.: Lexikon der Betriebswirtschaft. Managementkompetenz von A bis Z. 3., überarbeitete und ergänzte Auflage, Zürich 2004

Thommen, J.-P.: Managementorientierte Betriebswirtschaftslehre. 7., aktualisierte und ergänzte Auflage, Zürich, 2004

Thommen, J.-P.; Achleitner A.-K.: Allgemeine Betriebswirtschaftslehre. Umfassende Einführung aus managementorientierter Sicht. 2., vollständig überarbeitete und erweiterte Auflage, Wiesbaden 1998

Vaid, H.: Branding. Brand strategy, design and implementation of corporate and product identity. New York 2003

VDMA; Bromund, D.; Friedrich, W.: Service 2000. Standards und Tendenzen im Maschinenbau. Frankfurt (M) 1999

Weis, H. C.: Marketing (Kompendium der praktischen Betriebswirtschaft). 9. Auflage, Ludwigshafen 1995

Zink, K. J.: TQM als integratives Managementkonzept. Das Europäische Qualitätsmodell und seine Umsetzung. München/Wien 1995

Register

Der Autor

Dieter Lennertz, Dr.-Ing., war nach seiner Promotion fast achtzehn Jahre bei der European Space Agency (ESA) und seiner Vorläuferorganisation European Space Research Organisation (ESRO) als Mitarbeiter und Manager von Satellitenprojekten und zuletzt als Leiter von ESA-Toulouse und der ESA-Satellitenprogramme für Erdbeobachtung tätig.

Anschließend bekleidete er Führungspositionen der Robert Bosch GmbH – unter anderem als Leiter der Entwicklung sowie Vorsitzender der Geschäftsführung der Telenorma GmbH (Frankfurt/M.) und als Geschäftsführer der Bosch Telecom GmbH.

Seit etwa zehn Jahren setzt Lennertz seinen reichen Erfahrungsschatz in der Planung, Entwicklung und Vermarktung technisch anspruchsvoller Produkte bei seinen beiden Lehraufträgen „Projektmanagement" und „Produktmanagement" an der European Business School (EBS), International University Schloß Reichartshausen, ein. Für seine Vorlesung „Product Management" wurde Lennertz mit dem EBS Excellence Award in Gold ausgezeichnet.

General Interest

Gerald Braunberger

Airbus gegen Boeing

Wirtschaftskrieg der Giganten

2006. 224 Seiten.
Hardcover mit Schutzumschlag.
24,90 € (D)*, 44,00 CHF
ISBN-10:   3-89981-116-X
ISBN-13:   978-3-89981-116-2

Daniel Schäfer

Die Wahrheit über die Heuschrecken

Wie Finanzinvestoren die Deutschland AG umbauen

2006. 224 Seiten. Hardcover mit
Schutzumschlag. 24,90 € (D)*, 44,00 CHF
ISBN-10:   3-89981-119-4
ISBN-13:   978-3-89981-119-3

Fareed Zakaria

Das Ende der Freiheit?

Wieviel Demokratie verträgt der Mensch?

2005. 264 Seiten.
Hardcover mit Schutzumschlag.
24,90 € (D)*, 44,00 CHF
ISBN-10:   3-89981-044-9
ISBN-13: 978-3-89981-044-8

Hanno Beck, Aloys Prinz

Die Soziallüge

Fabeln, Mythen und Märchen, die uns die Politik erzählt

2004. 2. Aufl. 224 Seiten. Hardcover mit
Schutzumschlag. 24,90 € (D)*, 44,00 CHF
ISBN-10:   3-89981-033-3
ISBN-13: 978-3-89981-033-2

* zzgl. ca. 3,– € Versandkosten
bei Einzelversand im Inland

Frankfurter Allgemeine Buch

Job & Karriere

Ursula Kals

Zehn Fallstricke

Die fatalsten Fehler, die Sie
aus dem Job katapultieren

2005. 192 Seiten.
Hardcover mit Schutzumschlag.
24,90 € (D), 44,00 CHF*
ISBN-10:   3-89981-074-0
ISBN-13: 978-3-89981-074-5

Albert Thiele

Argumentieren unter Stress

Wie man unfaire Angriffe erfolgreich
abwehrt

2006. 5. Aufl. 280 Seiten.
Hardcover mit Schutzumschlag.
24,90 € (D), 44,00 CHF*
ISBN-10:   3-89981-017-1
ISBN-13: 978-3-89981-017-2

Norbert H. Kanitzky

Ungeschickt verhandelt?

Wie man kluge Verträge schließt.
Wie man gegnerische Ansprüche
abwehrt. Professionelles Vertrags-
management

2005. 256 Seiten. Hardcover mit
Schutzumschlag. 29,90 € (D), 52,00 CHF*
ISBN-10:   3-89981-072-4
ISBN-13: 978-3-89981-072-1

Ursula Kals

Mut zum Wechsel

So gelingt Ihnen der Aufbruch
in die zweite Karriere

2006. 192 Seiten. Hardcover mit
Schutzumschlag. 24,90 € (D), 44,00 CHF*
ISBN-10:   3-89981-121-6
ISBN-13: 978-3-89981-121-6

* zzgl. ca. 3,– € Versandkosten
bei Einzelversand im Inland

Frankfurter Allgemeine Buch

Geschenke

Stefan Aust, Frank Schirrmacher,
Michael Kloft Hg.

Als sei die Welt erwacht

Zeitzeugen erinnern sich zum
8. Mai 1945

2005. 224 Seiten. Hardcover mit
Schutzumschlag. 24,90 € (D)*, 44,00 CHF
ISBN-10:   3-89981-054-6
ISBN-13: 978-3-89981-054-7

Hanno Beck

Der Alltagsökonom

Warum Warteschlangen effizient sind.
Und wie man das Beste aus seinem
Leben macht

2005. 3. Aufl. 256 Seiten. Hardcover mit
Schutzumschlag. 17,50 € (D)*, 31,20 CHF
ISBN-10:   3-89981-032-5
ISBN-13: 978-3-89981-032-5

Hanno Beck

Der Liebesökonom

Nutzen und Kosten einer
Himmelsmacht

2005. 228 Seiten.
Hardcover mit Schutzumschlag.
17,90 € (D)*, 31,70 CHF
ISBN-10:   3-89981-076-7
ISBN-13: 978-3-89981-076-9

Jürgen Fuchs

Das Märchenbuch für Manager

Gute-Nacht-Geschichten für
Leitende und Leidende

2005. 6. Aufl. 256 Seiten. Hardcover mit
Schutzumschlag. 19,90 € (D)*, 35,10 CHF
ISBN-10:   3-89981-107-0
ISBN-13: 978-3-89981-107-0

* zzgl. ca. 3,– € Versandkosten
bei Einzelversand im Inland

Frankfurter Allgemeine Buch